LE TRÉSOR

DE LA

CUISINIÈRE

ET DE LA

MAITRESSE DE MAISON

———)o•(———

DICTIONNAIRE COMPLET

de Cuisine, de Patisserie et d'Office,

PAR A.-B. DE PÉRIGORD,

Auteur de l'Almanach des Gourmands, du Guide de la Ménagère, etc.

PARIS.

COMPTOIR DES IMPRIMEURS,

— COMON, ÉDITEUR —

QUAI MALAQUAIS, N. 15.

1852.

LE TRÉSOR

DE

LA CUISINIÈRE.

PARIS, — IMPRIMERIE DE W. REMQUET ET Cie,

Rue Garancière, n. 5, derrière St. Sulpice.

LE TRÉSOR

DE

LA CUISINIÈRE

ET DE

LA MAITRESSE DE MAISON

Contenant par classification et par ordre alphabétique :

1° Le calendrier culinaire pour tous les mois de l'année ;

2° Le moyen de faire bonne chère au meilleur marché possible ;

3° L'examen des principes nutritifs des aliments ;

4° L'ordre du service et une série de menus ;

5° La théorie du dîner chez le restaurateur ;

6° Une instruction sur l'art de découper et de servir à table ;

7° Un traité des vins et des soins de la cave ;

8° Des préceptes sur la conservation des substances alimentaires ;

9° Les moyens de reconnaître les falsifications, altérations et sophistications des substances solides et liquides ;

ET ENFIN LE

DICTIONNAIRE COMPLET DE CUISINE, DE PATISSERIE ET D'OFFICE

PAR A.-B. DE PÉRIGORD,

AUTEUR DE L'ALMANACH DES GOURMANDS, DU GUIDE DE LA MÉNAGÈRE, ETC.

———◦◦◦———

PARIS.

COMPTOIR DES IMPRIMEURS,

— COMON, ÉDITEUR —

QUAI MALAQUAIS, N. 15.

1852

TABLE DES MATIÈRES.

———◇◉◇———

INTRODUCTION.

On a dit du *Tableau de Paris* de Mercier, que ce livre, pensé dans la rue, avait été écrit sur la borne. Cette critique, à notre avis, est un véritable éloge, et nous nous trouverions heureux, pour notre part, que l'on reconnût en nous lisant, que notre *traité*, médité dans la cuisine, a été écrit sur les fourneaux.

En effet, ce n'est pas un ouvrage d'esprit ni de science que nous avons voulu faire, mais un livre pratique, exact, précis, un recueil complet de recettes et de prescriptions d'une intelligence et d'une application faciles.

Nous avions dès longtemps été frappé de l'insuffisance et de l'imperfection d'un grand nombre de dispensaires de cuisine, faits pour la plupart à coups de ciseaux, ou copiés les uns sur les autres, et dans lesquels les erreurs, les indications ruineuses ou inapplicables fourmillent; nous avons cru qu'il était utile et bon de faire enfin un véritable livre de cuisine, et nous nous sommes mis à l'œuvre.

Tout d'abord nous avons dû hésiter sur la disposition et l'ordre qu'il serait préférable d'adopter pour un semblable travail : jusqu'à ce jour, ç'a été par catégorie de comestibles, comme bœuf, veau, mouton, etc., ou par division de services, comme potage, hors-d'œuvre, entrée, etc., que l'on a présenté l'ensemble des prescriptions culinaires. Il en résulte, croyons-nous, un grave inconvénient ; c'est qu'avant de faire la recherche d'un mets, il faut savoir à quelle catégorie il appartient, ou recourir à une recherche toujours fastidieuse, à la table générale. L'ordre alphabétique n'offre aucun inconvénient semblable ; avec sa simple classification il rend toute investigation facile ; aussi l'avons-nous adopté de préférence à tout autre.

C'est donc un véritable *Dictionnaire de cuisine* que nous publions, à l'usage de tous les amis de la bonne chère et du bon marché ; un Dictionnaire complet, où nous avons admis, à côté de toutes les recettes que l'expérience a consacrées, toutes les récentes découvertes, toutes les innovations acceptées ; notre conviction étant que c'est en cuisine surtout, que tout ce qui est nouveau, quand il est bon, doit être bien accueilli.

Enseigner le moyen de bien vivre au meilleur marché possible, tel est le but que nous nous sommes proposé. Ce n'est pas à dire que nous approuvions sans réserve toutes les préparations dont nous donnons les recettes ; au cuisinier comme à tout autre, il est permis d'avoir ses préférences, car s'il est vrai qu'on ne puisse sagement discuter des goûts ni des couleurs, il ne l'est pas moins que tout ce qui se mange n'est pas également bon, également sain, également réparateur.

En général, les mets les plus simples sont aussi les meilleurs et les plus digestifs, défiez-vous d'un mets dont la substance principale est devenue méconnaissable sous la profusion des ingrédients qu'une manipulation plus ou moins savante y a introduits. Les accessoires en cuisine ont leur prix sans doute, mais il ne faut jamais qu'ils l'emportent sur le principal ; nous ne sommes pas partisan, bien que nous en donnions la recette, du potage à la tortue, qui se fait avec de la tête de veau ; on doit toujours pouvoir reconnaître ce que l'on mange ; nous ne craignons pas d'affirmer que ce sera chose facile quand on se sera conformé à nos prescriptions.

Dans ce livre, que nous avons divisé en deux parties, car nous voudrions qu'il devînt le *Guide-Manuel* de toute bonne ménagère, nous avons cru d'abord devoir nous occuper des intérêts du maître et de la maîtresse de maison. Leur responsabilité, en effet, pour tout ce qui est du ressort de la cuisine, de la cave et de l'office, est la première engagée ; car, si de la capacité du cuisinier ou de la cuisinière dépendent la satisfaction et le bien-être des convives, c'est à la condition que les éléments premiers qu'on leur livrera seront de qualité irréprochable. Or, pour qu'il en soit ainsi, le maître et la maîtresse de maison doivent posséder en économie domestique quelques connaissances que généralement on n'acquiert que par l'expérience.

C'est afin de rendre plus facile, plus prompte surtout,

l'acquisition de ces connaissances indispensables, que nous avons spécialisé chacune d'elles dans de petits traités qui précèdent notre dictionnaire, et que nous avons intitulés : *Almanach des productions mensuelles; — Moyen de faire bonne chère au meilleur marché possible; — Examen des principes nutritifs des aliments; — Ordre du service; — Menus; — Théorie du dîner chez le restaurateur; — Instruction sur l'art de découper et de servir à table; — Traité des vins et des soins de la cave; — Préceptes sur la conservation des substances alimentaires; — Enfin, moyens de reconnaître les altérations et sophistications des substances solides et liquides,* etc.

Nous ne pousserons pas plus loin ces détails; c'est à l'expérience qu'il appartiendra de marquer la place de ce travail, que nous nous sommes appliqué à faire aussi consciencieux que possible; nous ne savons quel sort lui est réservé, mais le cœur est placé si près de l'estomac que nous osons presque compter sur un peu de reconnaissance de la part de ceux qui pratiqueront nos enseignements.

LE
TRÉSOR DE LA CUISINIÈRE

ET DE

LA MAITRESSE DE MAISON.

———◦◑◦———

CALENDRIER CULINAIRE.

ALMANACH DES PRODUCTIONS DE CHAQUE MOIS.

———◦ **Janvier.** ◦———

L'hiver est la plus agréable saison de l'année pour les amis de la table, et janvier, sous ce rapport, est un des mois les plus favorisés. C'est le temps des joyeux banquets et des repas de famille où, dès le 6, malgré tout le respect dû à la république, on célèbre joyeusement la fête des rois. Puis vient la Saint-Charlemagne, non moins chère aux écoliers que la Saint-Nicolas ; puis encore la fête anniversaire de Saint-Pierre, et de plusieurs autres bienheureux qui tiennent à honneur de nous faire goûter ces joies honnêtes qui ne font fermer à personne les portes du ciel.

En fait de légumes, il est vrai, les primeurs manquent, ou ne sont que le produit de l'art qui, en les faisant naître, leur a enlevé la plus grande partie des dons de la nature ; mais combien sont nombreuses et riches les compensations qui font oublier ce léger inconvénient ! N'est-ce pas en janvier que le bœuf, le veau, le mouton, ont acquis toute leur succulence ? N'est-ce pas à cette heureuse époque de l'année que la chair des bienfaisants protégés de saint Antoine est le plus onctueuse, et que, sur l'étal des charcutiers abondent saucisses, boudins, andouillettes, hures de Troyes, pieds à la Sainte-Menehould ? C'est aussi pendant ce mois que le gibier est le plus abondant, et que depuis le sanglier jusqu'à l'alouette, tous ces hôtes de nos forêts, de nos plaines et de nos marais passent par bataillons dans nos cuisines. Les poules d'eau, les oies, les canards sauvages, les plongeons y arrivent du même pas que la bécasse, la bartavelle, le lièvre et le chevreuil. Alors aussi la volaille est plus grasse, la truffe a plus de parfum ; les poissons les plus beaux et les plus rares peuvent être transportés à de grandes distances, et quelque éloigné qu'on soit de la mer, on peut manger des huitres délicieuses.

Si les primeurs manquent, comme nous venons de le dire, les légumes conservés offrent une ample compensation : les choux qui ont subi la gelée sont bien supérieurs à ceux qui n'ont vécu que sous les rayons du soleil ; les cardons, les navets, les choux de Bruxelles, les choux-fleurs sont aussi savoureux que s'ils sortaient du jardin ; les salades sont nombreuses, et les plus beaux fruits, poires, pommes, oranges, sont dans tout leur éclat.

Enfin janvier est par dessus tout le temps des bonbons, des doux propos, du gai champagne, et l'on peut dire avec vérité qu'alors pour les amants et les gourmets l'hiver n'a point de glaces (hormis celles des bals et des soirées).

Février.

Sous le rapport des joies culinaires, le second mois de l'année n'a rien à envier au premier. Le gibier, il est vrai, commence à être un peu moins abondant, mais il n'a rien perdu de ses précieuses qualités, et la volaille est alors dans toute sa splendeur. Le cochon continue à répandre ses bienfaits, et sous l'influence du carnaval il prend toutes sortes de déguisements qui le font admettre à toutes les tables.

C'est pendant ce mois que triomphent la polka et la scotisch : on danse beaucoup, mais on mange davantage. Les huitres et le poisson ne sont pas moins abondants et moins délicieux que dans le mois précédent, non plus que les légumes de garde et les fruits.

La pâtisserie est surtout en grand honneur, tant que n'a point sonné l'heure de la pénitence, et les sucreries de l'office conservent toute leur faveur pendant ce temps de jubilation. Février est le mois le plus court de l'année ; mais c'est celui des plus grandes joies ; il semble qu'on sente mieux le prix du temps, et pour n'en rien perdre on mange autant pendant la nuit que pendant le jour. Des buffets dressés pour le bal, on passe presque sans transition au déjeuner, lequel se prolonge d'autant plus que l'on a davantage à réparer. Le diner arrive, les trois services défilent en bon ordre, soutiennent le choc à armes courtoises, et le champagne pétille encore dans les verres, que déjà les joyeux accords de l'orchestre appellent les convives et stimulent la digestion.

Certes cet heureux mois a des titres nombreux à la reconnaissance des estomacs; mais il en est un surtout qu'on ne saurait oublier : il est le père du mardi-gras!

Mars.

Nous voici en carême. Les viandes deviennent plus rares et moins savoureuses; mais le poisson est plus abondant et plus délicieux que jamais; aussi dit-on d'une chose qui se produit à propos, qu'elle arrive comme marée en carême. C'est qu'en effet la marée est, pendant ce mois, la base de tout édifice culinaire. Des profondeurs de l'Océan sortent comme par enchantement et roulent dans toutes les directions ces myriades de turbots, de saumons, de merlans, de limandes, de raies, de soles, de homards qui, après avoir fait pendant quelques instants la splendeur des halles, viennent exciter la verve du cuisinier et rehausser l'éclat des meilleures tables.

Les huîtres sont, au mois de mars, dans toute leur perfection; les langoustes, les homards, les crevettes ont atteint leur plus haut degré de délicatesse; le turbot est délicieux à toutes les sauces. C'est aussi vers le milieu de ce mois que commencent à se montrer les primeurs, les petits radis, l'oseille nouvelle, les laitues de la passion, les asperges.

Les poules commencent aussi à pondre abondamment, les étangs et les rivières sont fructueusement explorés; la carpe, l'anguille, le brochet, sont plus délicats qu'en aucun autre temps de l'année, et les écrevisses ont une saveur toute particulière.

C'est donc à tort que des esprits chagrins ou des estomacs mal satisfaits ont médit des produits culinaires de ce mois, et, on doit le reconnaître, de même que le carnaval peut avoir ses douleurs, le carême a aussi ses joies.

Avril.

On se lasse de tout, même des meilleures choses; aussi est-ce chose toute naturelle que la défaveur dans laquelle tombe le poisson dès que l'air tiède du printemps commence à reverdir les bois. Le cochon semble reprendre alors son allure de carnaval; le jambon ordinaire, le jambon de Mayence, le jambon de Bayonne, se montrent partout et sont bien accueillis de tout le monde; l'agneau apparaît modestement ; le bœuf reprend le rang qui lui appartient, le mouton recouvre tous ses avantages.

A cette époque de renaissance, on se sent plus heureux de vivre, et l'on s'efforce plus volontiers de vivre le mieux possible ; aussi mange-t-on plus longuement. L'appétit est d'ailleurs stimulé par de délicieuses primeurs ; ce ne sont plus seulement de petits radis, de fades et aqueuses laitues, quelques rares asperges qu'offrent les jardins ; les belles asperges violettes abondent, la romaine commence à pommer, et les petits pois font leur entrée dans le monde.

C'est aussi vers la fin de ce mois qu'apparaît le maquereau, qu'on a justement surnommé le meilleur et le plus spirituel des poissons d'avril, et qu'on revoit toujours avec un nouveau plaisir ; l'austérité du carême est oubliée, et deux ou trois semaines ont suffi à la marée pour rentrer en grâce ; car si dans les bons estomacs il y a toujours place pour la reconnaissance, il ne s'y en trouve jamais pour la rancune.

Mai.

Avec les fleurs nous arrivent, dans ce mois charmant, les pigeonneaux, ces amis intimes des petits pois, lesquels sont à l'apogée de leur gloire. Le maquereau reste en faveur ; les petites pommes de terre hâtives commencent à se montrer, et les poulets nouveaux viennent encore augmenter les ressources gastronomiques. Le laitage et les œufs sont alors choses délicieuses.

C'est en mai qu'apparaissent les choux cœur-de-bœuf, et les petites carottes hâtives. Les boutiques des marchands de comestibles prennent un aspect nouveau et tout à fait enchanteur : à côté des terrines de Nérac, des pâtés de Strasbourg, de Pithiviers, de Chartres, d'Amiens, se présent les paniers de fraises, les asperges monstrueuses, les cerises anglaises, les haricots verts. C'est un tableau délicieux qui fait battre le cœur et fait venir l'eau à la bouche.

La romaine a grandi ; ses formes sont mieux dessinées, plus accentuées, et son cœur n'en est pas moins tendre, au contraire. Enfin le mois de mai nous ramène la caille, le râle de genêt, la bécasse.

Certes il se peut que le mois de mai ne soit pas le plus beau mois de l'année, et que, sous ce rapport, il ait volé sa réputation : il est souvent froid, humide, son soleil est parfois bien pâle, mais que de bonnes choses militent en sa faveur et font oublier ses torts ! Pour résister à de tels charmes, il faudrait avoir un cœur

de bronze, et les gastronomes n'ont pas de ces cœurs-là ; s'il s'a-
gissait de l'estomac, à la bonne heure.

——o Juin. o——

Oh ! le beau mois, le bon mois, l'heureux mois! Et pourtant un
gourmand de mauvaise humeur a osé dire, a eu le triste courage
d'écrire et d'imprimer qu'au mois de juin un amphytrion est presque forcé de mettre ses convives au vert. Quelle abominable hérésie! Sans doute les productions des jardins et des champs sont
alors très-nombreuses : aux asperges, aux petits pois, aux haricots
verts sont venus se joindre, sans les éclipser, les artichauds, les
fèves de marais, les choux-fleurs, les oignons et les navets. Les
fraises ont maintenant pour cortége les cerises de Montmorency,
les groseilles, les framboises, les petites poires ; mais loin de se
plaindre de ces abondants produits de nos marais et de nos vergers,
il faut s'en réjouir ; car, dans ce même temps, le bœuf n'a pas
cessé d'être excellent ; les moutons et les veaux, nourris au vert,
sont devenus meilleurs que jamais.

Il est vrai qu'en juin le poisson est à la fois plus rare et moins
bon que pendant l'hiver, et que la marée a beaucoup de peine à
arriver fraîche à une certaine distance des chemins de fer ; mais ce
n'est là qu'un léger mal, largement compensé par les produits que
nous venons d'énumérer, et auxquels il faut joindre le dindonneau et le coq vierge, ces excellents volatiles dont le mérite est
aussi incontestable qu'incontesté.

Convenons-en, chaque mois a sa valeur comme chaque âge
a ses plaisirs, et la plus grande des vérités c'est que tout est pour
le mieux dans le meilleur des mondes.

——o Juillet. o——

La température élevée qui règne constamment pendant le mois
de juillet, fait en quelque sorte dédaigner la viande de boucherie,
et cela est d'autant plus fâcheux que la basse-cour offre encore
peu de ressource, et que le gibier est très-rare. Ce n'est pas à
dire pour cela qu'il y ait disette absolue de ces bonnes choses : le
dindonneau et le coq vierge n'ont rien perdu de leur mérite, et les
cailles peuvent faire attendre patiemment les perdreaux, sauf les
rigueurs de la loi sur la chasse. Le veau est aussi très-bon à cette
époque, et la nature de sa chair convient parfaitement aux besoins
particuliers de l'estomac en cette saison.

C'est en juillet que l'horticulture étale tous ses trésors : les petits pois n'ont rien perdu ; les haricots verts ont beaucoup gagné ; les blancs sont excellents. Les choux-fleurs, les choux de Bruxelles, les artichauds sont dans tout leur éclat. Les melons commencent à répandre leur parfum ; les romaines et les laitues sont toujours belles et tendres ; les chicorées se frisent, les tomates commencent à rougir. On voit paraître les délicieuses prunes de reine-claude, les amandes vertes, les abricots, les cerneaux. Les cerises et les groseilles ont atteint leur parfaite maturité. C'est le mois où l'on fait les confitures rouges.

Il est donc vrai qu'en aucun temps la nature ne se montre aussi prodigue ; en bonne et sage mère, mieux que nous elle juge de nos besoins, et les choses qui conviennent le mieux à notre santé sont toujours celles qu'elle met le plus abondamment à notre disposition.

——o Août. o——

De même qu'en juillet, la viande de boucherie ne jouit pas d'une grande faveur pendant le mois d'août ; mais les ressources de la basse-cour commencent à s'accroître : aux pigeonneaux, aux poulets nouveaux, aux dindonneaux sont venus se joindre les jeunes oies et les cannetons.

Le gibier commence aussi à reparaître : les cailles sont plus nombreuses que pendant le mois précédent, et il faut se hâter d'en profiter ; car un mois plus tard toutes auront disparu. Les perdreaux commencent à tomber sous les coups des braconniers, lapereaux et levrauts ont le même sort. C'est aussi le moment de manger les meilleurs cochons de lait.

La chaleur est toujours grande, ce qui fait que l'on mange peu de poisson, peu de marée surtout ; cependant les truites, pourvu qu'elles ne fassent en quelque sorte qu'un saut de la rivière à la cuisine, sont toujours une excellente chose.

Les produits des jardins sont toujours nombreux : les haricots blancs et les artichauds restent en faveur, les melons cantaloups ont augmenté de grosseur et de parfum ; les choux-fleurs se maintiennent.

Les fruits du mois d'août sont à la fois plus nombreux et plus savoureux que ceux du mois précédent : les prunes et les abricots ont atteint leur parfaite maturité, les cerneaux et les amandes sont plus consistants ; plusieurs espèces de pommes et de poires peuvent être cueillies ; les figues commencent à être bonnes et les pêches sont dans tout leur éclat. Encore un peu de temps, et les beaux jours seront passés ; mais que de bonnes choses nous resteront !

Septembre.

La température baisse beaucoup dès les premiers jours de ce mois et la consommation de la viande de boucherie augmente sensiblement. L'air, devenu plus vif, accélère la digestion; on se trouve mieux à table que pendant les mois précédents, et l'on y reste plus longtemps.

La chasse est ouverte, le gibier abonde; les grives et les bécassines ont atteint toute leur perfection, et c'est alors qu'apparaissent les premiers et les meilleurs canards sauvages.

Les habitants de la basse-cour continuent à croître et multiplier, et le canard domestique rivalise alors avec le canard sauvage.

Le poisson commence à reprendre, sur les bonnes tables, le rang que les chaleurs caniculaires l'avaient contraint d'abandonner, et les huîtres sont relevées de l'excommunication dont elles ont été frappées pendant tous les mois dans le nom desquels n'entre pas la lettre R. Il faut dire pourtant que cette réhabilitation est un peu trop précoce, et la vérité est que les huîtres ne valent guère mieux en septembre qu'en août.

Les légumes et les fruits sont encore nombreux et savoureux. Presque aucun des légumes du mois précédent n'a perdu de son mérite; on mange encore d'excellentes pêches qu'accompagnent les noix vertes, le chasselas, et quelques espèces de poires, notamment celles de Messire-Jean.

En somme, le mois de septembre est un des meilleurs de l'année pour les écoliers, les gens de robe, les chasseurs et les gourmands, et qui est-ce qui n'est pas un peu quelque chose comme cela?

Octobre.

La température baisse de plus en plus, et l'appétit suit une progression ascendante fort remarquable. Mais aussi il serait par trop malheureux de ne pas avoir faim à cette succulente époque de l'année. Nous ne parlerons pas de la viande de boucherie qui est excellente alors, puisqu'elle vient de passer six mois au vert; mais nous devons rappeler que la basse-cour regorge de sujets admirables : les dindons, les poulets et les chapons n'ont plus rien à acquérir; plus tard, ils pourront être plus gras, mais ils ne seront jamais plus tendres et plus onctueux.

Ce que nous venons de dire des hôtes de la basse-cour s'applique également au gibier : à cette époque, lièvres, lapins, faisans, perdrix, grives et alouettes n'ont plus rien à acquérir; ils sont réellement parfaits.

La faveur du poisson va grandissant : les nuits sont froides et la marée voyage sans danger : les huîtres entrent dans leur véritable période de gloire.

Le nombre des légumes frais a diminué, cependant on a encore des haricots blancs frais, des artichauts, des choux-fleurs, et les salades sont abondantes.

Quant aux fruits, ils sont en nombre très-respectable : ce sont toutes les espèces de raisin, les noix, les noisettes, les amandes fraîches ; les poires, les pommes d'automne, et enfin les marrons.

Un homme d'esprit a dit du mois d'octobre que c'était l'époque où un amphitryon devait rouvrir à deux battants les portes de sa salle à manger ; nous croyons cette opinion suffisamment justifiée.

Novembre.

L'hiver vient ; les jours diminuent ; mais les dîners s'allongent prodigieusement : qui est-ce qui oserait s'en plaindre ?... La viande de boucherie, la volaille et le gibier sont choses excellentes à cette époque ; il ne faut donc pas s'étonner qu'on ait fait de la Saint-Martin, qui tombe le onzième jour de ce mois, une fête de table.... (Rabelais dirait le mot propre, mais aujourd'hui l'on est moins hardi.) Le cochon, qui s'est tenu à l'écart depuis Pâques, revendique et recouvre tous ses droits aux hommages des estomacs bien constitués.

Le poisson, et particulièrement la marée, sont de plus en plus triomphants, et les modestes harengs, que peu de gens estiment à leur juste valeur, viennent prendre une petite part à ce triomphe des habitants de l'empire des eaux, paisibles conquérants dont la domination est douce et bienfaisante.

Les légumes sont à peu près ceux du mois précédent ; les fruits ont diminué : il n'y a plus que les poires, les pommes d'hiver et le raisin savamment conservé, mais les confitures offrent une ressource immense, une mine inépuisable. Enfin l'ère des conserves de toute espèce commence ; heureux ceux qui ont songé à l'avenir et qui dans les joies du présent ont fait une part pour les joies futures ! La saison des soirées et des bals s'ouvre ; le règne du champagne commence. Le soleil est rare et pâle ; mais qu'importe ! on dîne mieux aux bougies.

Décembre.

Nous ne savons quel esprit morose a osé dire que le mois de décembre était un mois lugubre !... L'infortuné qui a formulé cette pensée biscornue n'avait donc pas des yeux pour voir, des oreilles pour entendre ? Il n'avait donc, le malheureux ! son couvert mis à la table d'aucun amphytrion digne de ce nom?.... S'il en est ainsi, nous lui pardonnons de grand cœur son hérésie : le malheur rend injuste, et quand l'estomac est vide, le jugement n'est pas sûr.

La vérité est que le mois de décembre tient parmi ses pairs une des places les plus honorables, joyeusement et gastronomiquement parlant, et un seul mot nous suffirait pour fermer la bouche à ses détracteurs : Noël tombe le 25 décembre, et toute cloche qui sonne sa première heure, appelle les gourmets aux joies du réveillon !

Que lui manque-t-il d'ailleurs à ce bienheureux mois pour être parfait? des primeurs, des fruits fraîchement cueillis?.... Allons donc ! Est-ce qu'il n'a pas à ses ordres les conserves de toutes sortes? Est-ce que le règne animal tout entier n'est pas prêt à le servir à bouche que veux-tu?

De par le calendrier grégorien, le mois de décembre est le dernier de l'année ; à la bonne heure ; mais dans le calendrier gastronomique, son mérite est plus judicieusement apprécié, ce qui prouve la supériorité du sentiment sur la raison, et l'insuffisance de la logique en matière de goût.

MÉTHODE A SUIVRE

POUR FAIRE BONNE CHÈRE AU MEILLEUR MARCHÉ POSSIBLE.

C'est une opinion généralement reçue qu'on ne saurait aspirer au bien vivre, si l'on ne possède une fortune considérable. On estime que les personnes qui n'ont qu'une honorable aisance, et à plus forte raison celles dont le revenu est médiocre, doivent renoncer à ces joies du confortable de la vie, qui ont tant de charme. Une pareille manière de voir, si elle était fondée, exclurait des jouis-sances les plus réelles, les seules positives, l'immense majorité de la société : le bien-vivre deviendrait un privilége, un monopole entre les mains de quelques élus ; et les trois quarts de l'espèce humaine, déshérités par le sort, vivraient dans le supplice de Tantale. Rassurons-nous, et absolvons la Providence, telle n'est point la nécessité des choses. La nature n'a pas divisé l'humanité en deux classes inégales, l'une destinée à vivre, l'autre condamnée à végéter.

L'artisan, s'il ne peut aspirer aux mets savants qui chargent la table du riche, peut se réfugier dans la cuisine bourgeoise, source féconde de plaisirs réels. Il est en effet des mets simples, vulgaires même, qu'une préparation intelligente peut rendre excellents. S'il est contraint de s'abstenir de la truffe, des coulis, des gibiers rares, des poissons recherchés, des vins fins, n'a-t-il pas le pot-au-feu, cet élixir du pauvre; l'aloyau succulent, le dindon gras, tout le peuple de la basse-cour; les crèmes, les légumes, les fruits? n'a-t-il pas une foule de poissons qu'on repousse parce qu'ils sont communs, et qu'on paierait au poids de l'or s'ils étaient rares? Le secret de rendre tout cela exquis, c'est de savoir le préparer; voilà toute la difficulté. C'est l'art qu'il faut enseigner et non la cupidité qu'il faut inspirer. Législateurs, voulez-vous rendre le peuple heureux; instituez des chaires publiques de l'art culinaire, faites professer la cuisine comme la chimie; popularisez cette science difficile; et vous aurez réalisé plus encore que la poule au pot de Henri IV.

Ce n'est pas toutefois aux classes pauvres que nous voulons adresser ici des conseils; mais nous dirons aux personnes qui n'ont qu'une honorable aisance : Vous êtes dans le fait aussi riches que de grands seigneurs. Les trois quarts et demi de la fortune du millionnaire épuisés en dépenses inutiles, qu'en avez-vous besoin? avec le demi-quart restant, vous êtes aussi riche et même plus riche que lui. Votre table, en effet, est moins nombreuse, vos relations moins étendues; vous avez moins d'obligations à remplir, d'engagements à satisfaire; sagement distribué, votre revenu peut vous procurer plus de jouissances réelles, plus de plaisirs vrais, qu'avec tout son faste, le riche n'en saurait jamais obtenir.

Faites choix d'une cuisinière active, propre et surtout experte dans son art; et soyez vous-même votre intendant et votre maître-d'hôtel. Donnez, sans intermédiaire, vos ordres journaliers; établissez pour votre maison un ordinaire décent; que les plats y soient plus soignés que nombreux; accordez à la cuisinière tout ce qu'il faut pour les rendre excellents, et rien au delà. En lui laissant faire son marché, ayez soin d'être informé du prix-courant des denrées les plus importantes, et il vous sera aisé d'apprécier sa fidélité.

Mettez une attention particulière au choix des vins, et pour cet article ne vous en reposez sur personne. N'achetez point de vin à Paris; mais soyez en rapport avec des propriétaires connus dans chaque vignoble, et adressez-vous à eux directement.

Dans une ville comme Paris, où toutes les productions arrivent, grâce à la rapidité des voies de fer, comme dans un centre commun, la concurrence règne au plus haut degré, et il est facile, avec quelque intelligence, de se procurer presque toutes les denrées à bon marché; mais cette intelligence a besoin de guide. Le premier principe est de ne jamais rien prendre à crédit : cette dangereuse méthode prive l'acheteur de tous ses avantages, et permet au marchand de lui glisser tout ce dont il veut se défaire. En ne payant pas comptant, vous vous obligez à aller toujours dans les mêmes maisons; vous perdez le droit d'être difficile et l'autre droit non moins important de marchander. Un maître de maison prudent, par esprit d'ordre non moins que par calcul, ne souffrira pas qu'on demande crédit pour lui chez aucun fournisseur. Il préviendra d'avance tous les marchands dont il se sert de n'en accorder à personne venant de sa part. Ce sera encore le moyen de prévenir toutes les erreurs.

Le second principe consiste à savoir qu'il est des jours et même des heures où certaines denrées sont moins chères, parce qu'elles sont moins demandées. A moins que des circonstances particulières ne lui commandent de prendre tel ou tel mets, la cuisinière saura que le dimanche et le lundi, le poisson ne coûte que la moitié du prix des jours maigres; elle saura qu'à deux ou trois heures de l'après-midi, le moment de la vente étant passé, on a meilleure composition des marchands de la halle.

Vers cette heure encore, on réussit mieux au marché à la volaille. Quelquefois cette heure avancée ne s'accorde point avec l'exigence du dîner ; mais cet avis est particulièrement donné pour les provisions que l'on peut faire la veille. Pour toutes les denrées qui peuvent se conserver, on évitera l'inconvénient d'aller au jour la journée. En province, on exagère le système des provisions ; mais à Paris on l'ignore complétement. Il n'est pas rare de voir, dans des maisons aisées, les domestiques acheter à la fois quelques grammes de poivre, un demi-kilo d'huile d'olives, une botte de carottes. Cette division dans les achats est à la fois coûteuse et incommode. N'avez-vous point de campagne qui puisse vous entretenir de légumes, de ferme qui vous fournisse le beurre ; faites faire aux époques les plus favorables de l'année des provisions raisonnables, ou tout au moins, achetez à la semaine dans des magasins en gros les plus fréquentés, et surveillez l'emploi des denrées avec exactitude.

L'ordinaire d'une personne avisée doit être continuellement soigné ; aucun jour de la semaine ne doit être privilégié. Un homme sensé dîne bien tous les jours ; il ne souffre sur sa table rien de médiocre ni de vulgaire ; mais en même temps il repousse la profusion. Il hait ce vain étalage de mets, cette multiplicité de plats qui nuit évidemment à leur qualité respective. Cette abondance extrême, il la réserve pour le jour où il traite ses amis. C'est alors qu'un amphytrion ne doit rien négliger pour faire régner sur sa table l'abondance et la sensualité. Il faut que les convives se retirent persuadés que nulle part ils n'eussent mieux dîné. Mais au milieu de cette abondance même, un ordre sévère doit régner ; le service le plus brillant peut encore avoir son économie.

PRINCIPES NUTRITIFS DES ALIMENTS.

On a beaucoup discuté sur ce point : *L'homme est-il naturellement carnivore ou frugivore?* Les plus grands philosophes se sont évertués sur cette question sans la résoudre d'une manière satisfaisante. Quant à nous, nous sommes convaincu que l'homme n'est ni carnivore, ni frugivore exclusivement ; mais bien omnivore, c'est-à-dire que les aliments du règne végétal et du règne animal conviennent également à son estomac, doué d'une grande puissance digestive.

L'homme peut ne se nourrir que de viandes, sans mériter pour cela l'épithète d'*animal dépravé* dont le gratifie J.-J. Rousseau ; de même qu'une nourriture composée uniquement de végétaux ne saurait altérer ses facultés intellectuelles. Cependant il est incontestable que, en général, les hommes dont la chair est la principale nourriture, l'emportent de beaucoup en intelligence sur ceux qui ne vivent ordinairement que de végétaux ; ils sont aussi plus actifs, plus aventureux, plus courageux. En revanche, on remarque que les peuples qui ne mangent point ou qui mangent peu de viande, ont des mœurs douces, patriarcales ; ils sont exempts de passions violentes, et ils n'ont, en général, que de bons instincts.

Bien que le nombre des aliments qui peuvent servir à la nourriture de l'homme soit considérable, leurs principes nutritifs sont peu variés. Ces principes, dans les substances animales, sont : l'albumine, l'osmazôme, la fibrine, la partie extractive de la fibrine, qu'on nomme jus, et la graisse.

La fibrine et l'osmazôme sont les parties les plus nutritives ; mais, séparées des deux autres, elles sont difficiles à digérer ; unies à l'albumine, la digestion en est facile.

Ces divers principes se trouvent réunis dans les chairs brunes comme celles du bœuf, du mouton, du lièvre, de la perdrix. Les chairs blanches, telles que celles du veau, de l'agneau, du poulet, ne contiennent point d'osmazôme,

ou n'en contiennent que fort peu, aussi sont-elles beaucoup moins succulentes que les viandes brunes. Ces dernières conviennent aux estomacs vigoureux et à ceux
qu'une cause quelconque a passagèrement affaiblis ; les
chairs blanches sont celles dont les estomacs irrités s'accommodent le mieux.

On comprend toutefois que les diverses qualités des
viandes sont nécessairement modifiées par les préparations
qu'elles subissent. Ainsi, la viande rôtie est à la fois la plus
saine, la plus nutritive et la plus facile à digérer, parce
que l'action d'un feu vif lui a fait retenir toutes ses parties
solubles ; la viande frite est, au contraire, d'une digestion
difficile, bien qu'elle ait également retenu toutes ses parties solubles ; elle doit cet inconvénient à la graisse qui
couvre sa surface. Le bœuf cuit et laissé dans son jus est
une viande essentiellement succulente, d'une digestibilité
parfaite ; tandis que le *bouilli*, ou bœuf dont on a fait du
bouillon, n'est ni digestif, ni succulent ; cela vient de ce
que le premier est toujours accompagné des parties que
l'action du feu en a extraites, tandis que le second n'est
plus composé que de fibrine sèche, ce qui a fait dire à
Brillat-Savarin que le bouilli est la chair moins son jus.
Les mêmes principes se trouvent dans les poissons, à l'exception de l'osmazôme ; mais la chair de ces animaux contient en outre du phosphore et de l'hydrogène, principes
auxquels elle doit ses qualités aphrodisiaques.

Les principes nutritifs des végétaux sont : la fécule, le
gluten, le sucre, le mucilage et la gomme.

La fécule se trouve presque sans mélange dans l'orge,
le maïs, le riz et quelques autres graines. Dans le froment
et le seigle elle est mêlée au gluten, ce qui donne aux farines de ces céréales la propriété de fermenter quand on
les pétrit avec de l'eau, et d'en former une pâte qui constitue le pain. Dans les pois, les lentilles, les pommes de
terre, les haricots, l'avoine, etc., la fécule est jointe au
sucre.

Enfin, les principes gommeux et mucilagineux se trouvent réunis dans les légumes et les fruits. Quant au principe sucré, on le trouve partout, ainsi que cela résulte

d'un mémoire lu à l'Académie des sciences, dont l'auteur affirme être parvenu à extraire une notable quantité de sucre d'un paquet de vieux chiffons.

ORDRE DE SERVICE.

L'amphityron ne doit jamais oublier ces paroles d'un grand maître : « Quelque recherchée que soit la bonne chère, quelque somptueux que soient les accessoires, il n'y a pas de plaisir de table si le vin est mauvais, si les convives ont été invités sans choix, si les physionomies sont tristes, et le repas consommé avec précipitation. »

Le couvert doit être dressé avant l'arrivée des convives ; à chaque place doit être inscrit le nom du convive auquel elle est destinée.

Trois verres sont l'escorte obligée de chaque couvert : un pour le vin d'ordinaire, c'est le plus grand ; un pour le coup du milieu (Madère ou Rhum), et un pour les vins fins de dessert et d'entremets. Un quatrième verre, celui à vin de Champagne, est également indispensable ; mais il suffit qu'il paraisse sur la table en même temps que ce vin.

Le buffet, voisin de la table, doit être abondamment pourvu de couverts de rechange. Dans les maisons grandement montées, on change de fourchette et de couteau chaque fois qu'on change d'assiette ; dans les maisons de second ordre, on change de fourchette et de couteau à chaque service, et après avoir mangé du poisson.

Aux quatre points cardinaux de la table sont placées les carafes et les bouteilles. Lorsque la table est de plus de douze couverts, on établit des subdivisions entre ces quatre points.

La température convenable pour une salle à manger est de 17 à 18 degrés centigrades au-dessus de zéro ; il importe surtout qu'elle soit parfaitement éclairée ; les lampes Carcel et les bougies sont les seuls modes d'éclairage qu'on puisse employer.

On comprend que nous ne parlons ici que des dispositions principales ; il est une foule de petits détails relatifs qui ne peuvent avoir d'autres règles que le sentiment intime et l'ingénieuse délicatesse de l'amphytrion. En pareille matière, le libre arbitre peut et doit avoir une large part ; mais il importe de se défendre des excentricités, car, de quelque côté qu'elles se montrent, elles tendent au ridicule, aussi invinciblement que l'aiguille de la boussole tend vers le nord. Un esprit supérieur peut, il est vrai, s'écarter sans danger des sentiers battus ; mais les esprits ordinaires, et souvent même moins qu'ordinaires, ont une si grande tendance à se poser en supérieurs, que le plus sûr est de se tenir dans la voie commune, la seule qui soit d'ordinaire irréprochable.

Tout le monde étant à table, l'amphytrion, prenant les assiettes empilées près de lui, sert le potage, en faisant passer successivement ces assiettes à droite et à gauche. Il découpe ensuite les pièces les plus importantes, ou il en charge quelqu'un des convives dont la capacité lui est connue. Quant aux mets qui se trouvent naturellement découpés ou qui se servent à la cuillère, l'amphytrion n'a pas à s'en occuper : tout convive a droit de les aborder, et de les traiter en pays conquis.

L'amphytrion n'a pas non plus à s'occuper du vin d'ordinaire, ni de celui immédiatement supérieur, qui doivent être livrés sans réserve à la discrétion des convives ; mais à l'apparition des vins fins, de nouveaux devoirs lui sont imposés. Les bouteilles de ces vins, servies couchées dans leurs panniers, doivent être débouchées avec un soin extrême ; aussitôt le bouchon enlevé, l'amphytrion verse à ses voisins de droite et de gauche, puis à lui-même, et il laisse ensuite circuler la bouteille jusqu'à extinction. Il est mieux encore de faire placer de toutes les espèces de vins aux quatre points cardinaux ; mais cela ne se fait que lorsque les convives sont nombreux.

Après l'entremets, lorsque le dessert est sur la table,

les domestiques doivent se retirer pour ne reparaître que sur l'appel du maître. Le service dès lors est presque nul ; la table n'est plus qu'un charmant champ de bataille livré à de joyeux fourrageurs.

Il n'est pas facile d'établir une échelle de proportion entre le nombre des plats et celui des convives. Toutefois on convient généralement que quatre hors-d'œuvre, un potage, un relevé, deux entrées, un rôt et quatre entremets, suffisent pour six personnes. Six hors-d'œuvre, deux potages, deux relevés, quatre entrées, trois rôts et six entremets peuvent suffire à douze ou quinze ; un tiers de plus suffira à vingt personnes, et ainsi de suite. Observons d'ailleurs, que le volume de chaque mets doit suivre la progression des convives ; en même temps que souvent on accroît l'élégance du service, en substituant à une pièce un peu forte deux pièces plus délicates.

Le premier article d'un menu, et qui mérite une attention particulière, c'est le potage. Le potage est aussi nécessaire à un dîner qu'une clef à une voûte. Ce mets, qui sert d'introduction à tout dîner, exige plus de soins qu'aucun autre.

On n'attend pas de nous, que nous entrions ici dans le détail des nombreux potages qui peuvent figurer sur une table bien servie ; à ce sujet c'est notre Dictionnaire qu'il faut consulter.

Après le potage, l'ordre veut que nous fassions mention des hors-d'œuvre. Cet article seul mériterait un traité particulier. On les divise en deux classes : les hors-d'œuvre froids et les hors-d'œuvre chauds. Les premiers n'ont d'autre but que de préparer les voies : ce sont les radis, le beurre frais, les anchois, le thon mariné, les olives, les cornichons, le melon, les huîtres. Quant aux hors-d'œuvre chauds, ils se distinguent des autres mets par un signe caractéristique, c'est qu'ils n'ont jamais de sauce. Ce sont les grillades de menue charcuterie, le pied de cochon truffé, la côtelette de pré salé, le rognon de mouton à la brochette, enfin les petits pâtés, qui sont même le seul hors-d'œuvre chaud que l'on serve sur beaucoup de bonnes tables.

3.

On enlève le potage et on le remplace par une ou plusieurs grosses pièces auxquelles on a donné le nom de *relevés*. Le premier de tous ces relevés est le bœuf ou *bouilli*, qui figure encore avec avantage sur quelques bonnes tables, lorsque, tiré de cette partie de la bête que l'on nomme la *culotte*, il présente un masse tremblante qui se laisse couper à la fourchette, et lorsqu'il est environné de quelques garnitures délicates. Mais le plus grand nombre des amphytrions dédaigne ce mets comme trop simple et trop vulgaire, et alors on lui substitue le filet de bœuf piqué, le rosbif environné de pommes de terre, le brochet, la carpe ou le turbot au bleu ; la tête, la fraise, ou les pieds de veau au naturel, la poularde mollement couchée sur une ottomane de riz, ou seulement accompagnée d'un peu de jus, de gros sel ou d'estragon ; et ces mets prennent le nom de *relevés*. Au reste, il ne faut pas ignorer qu'entre certains relevés et les entrées, la distinction est souvent arbitraire, et que de très-bonnes tables offrent sous le premier nom ce que d'autres non moins distinguées présentent sous le second. Cette observation ne doit pas être dédaignée de l'amphytrion, qui peut sans crainte donner à ses plats le nom qui conviendra le mieux à son service. On observera également que plusieurs mets sont donnés tantôt à titre de relevés, tantôt à titre de rôts; tels sont les poissons au bleu, et même les dindes truffées.

Tous les mets dont nous avons déjà offert la nomenclature et la description ne sont que des mets préparatoires, puisque ceux dont nous allons nous occuper se nomment des *entrées*, comme si le dîner ne commençait réellement qu'avec eux. Les entrées sont l'un des éléments fondamentaux d'un dîner ; on peut servir un dîner sans hors-d'œuvre, même sans relevés, mais jamais il n'en exista sans entrées.

Nous avons tâché d'offrir plus haut l'échelle de proportion qui doit être suivie entre le nombre des convives et celui des entrées. Nous ne reviendrons pas sur ce sujet, mais nous dirons à l'amphytrion, que, quelque nombre qu'il en offre, il doit s'arranger de manière à réunir une ou deux entrées de viandes de boucherie, une de volaille, une de poisson, une de gibier, une de pâtisserie. La table, couverte d'entrées, doit représenter une fidèle image des productions variées de la nature et de l'art. Il est indispensable, sur quatre entrées, d'en offrir deux, ou au moins une aux truffes. Ensuite, comme on sait que par *entrées* on entend toujours des ragoûts, on doit ordonner le menu de manière que la moitié soit au blanc, et l'autre moitié au brun; qu'une moitié soit garnie de légumes, et l'autre seulement de jus ou de coulis. Cette attention, qui a pour but de satisfaire tous les goûts, attestera la sage prévoyance de l'amphytrion.

Jamais la même nature de mets, quelle que soit la différence qui existe dans la préparation, ne doit se présenter deux fois dans le cours d'un dîner. Avez-vous offert des poulets au premier service, il vous est interdit d'en offrir au second. Cette règle est sans exception. Il n'y a que les garnitures qui puissent et doivent être reproduites.

Passons au second service. Il se forme des rôts et des entremets. Dans la classe des rôts, on comprend ordinairement certains plats froids qui pourraient être rangés dans un ordre particulier, et de grosses pièces destinées à garnir les extrémités de la table. Ainsi la salade passe souvent pour un rôt; il en est de même des pâtés de foies gras, des poissons au bleu ou frits, des écrevisses; les homards, les langoustes, les crevettes, peuvent à volonté passer pour rôts ou pour entremets. Au reste, ce qui constitue essentiellement cette partie du service est assez indiqué par le nom même; ce sont les viandes à la broche.

A côté des rôtis on sert les entremets; l'estomac, arrivé à un degré de plénitude satisfaisant, n'a plus besoin que de ces mets légers qui le délectent sans le surcharger. Il ne demande plus d'aliments substantiels, mais il exige que la délicatesse tienne lieu de vertu nutritive. Des légumes fins et savoureux, saturés de coulis, de beurre ou de sucre; la timbale de macaroni, les fritures sucrées, des pâtisseries légères, des crèmes parfumées, des soufflés qui offrent une masse dorée et tremblante, des charlottes françaises ou russes, des pyramides de meringues, des petits-fours, etc.; tels sont les mets dont se compose cette partie du dîner qu'on peut appeler l'avant-coureur du dessert.

Après les entremets, les domestiques desservent complétement la table. Alors le dessert fait son entrée triomphale. Ce troisième service exige une attention non moins vigilante que les deux premiers.

A la campagne, il est d'usage d'orner le service de quelques vases de fleurs. A la ville, où ce système est moins en usage, il est bon que les fruits soient dressés sur un lit de verdure; feuilles de vigne en été, mousse en hiver.

De tous les mets qui doivent figurer au dessert, le plus indispensable est le fromage affiné, tel que le Roquefort, le Chester, le Neuchâtel, le Gruyère. C'est par ce plat indispensable que l'on doit commencer le service du dessert. Tant que les vins rouges circulent, on ne doit offrir que le fromage, les noix, les amandes; les fruits sucrés ne doivent être présentés qu'avec les vins d'Espagne ou de Grèce; et les pâtisseries doivent marcher de front avec les vins de Champagne, de Malaga, de Malvoisie, etc.

Nous dirons peu de chose sur le café. Deux usages sont également admis; quelques amphytrions l'offrent sur la table même où l'on a dîné; un plus grand nombre le fait servir dans le salon, sur une table de marbre destinée à cet usage.

A la suite du café on offre les liqueurs, qui doivent être d'une qualité supérieure.

L'ambigu est un repas qui tient du déjeuner et du dîner. Le potage n'y paraît jamais, et tous les services y sont confondus : entrées, milieux, bouts de table, grosses pièces, entremets chauds et froids, rôtis, dessert, tout y est rassemblé, ce qui nécessite une table immense, puisqu'il faut qu'elle réunisse, en une seule fois, ce qui est divisé ordinairement en trois services.

Il naît de cette confusion plusieurs inconvénients notables. Le plus grand sans doute, c'est de manger les rôtis froids et les entremets à la glace. Eh ! le moyen de les entretenir à leur point lorsqu'ils sont obligés d'attendre sur table pendant deux heures.

Un autre inconvénient des ambigus, c'est d'offrir à l'œil une confusion, un mélange qui rassasie d'avance l'appétit, au lieu de l'exciter. Les émanations de chaque service, respirées séparément, stimulent agréablement l'organe de l'odorat et celui du goût ; mais lorsque toutes ces émanations sont réunies, il en résulte une confusion et un mélange dont l'effet est tout contraire.

Il est encore de la nature de ce service de jeter les convives dans un embarras toujours funeste à l'appétit. L'action dégustatoire doit être méthodique et successive, pour devenir agréable, et c'est ce qui fait que le service plat à plat est celui qui stimule et satisfait le mieux l'appétit.

Dans un ambigu, pendant que l'un mange des côtelettes, l'autre suce une compote. On voit l'une à côté de l'autre une assiette chargée de riz-de-veau, et une de confitures : les farces et les marmelades, les petits pâtés et les macarons, les émincés et les crèmes, les écrevisses et les massepains, sont simultanément sous la dent ; l'œil est révolté de ce mélange et le goût s'en afflige.

Concluons donc qu'un amphitryon qui veut que l'on mange bien, longtemps et proprement chez lui, ne doit jamais donner d'ambigus. Si cette espèce de repas est tolérable, ce n'est que dans les bals, dans les fêtes, où la foule est trop nombreuse ou le local trop exigu pour que l'on puisse servir un souper digne de ce nom.

DES MENUS.

On appelle *menu* la nomenclature des mets dont le repas doit se composer. Cette liste, œuvre du maître ou de la maîtresse de maison, doit être dressée avec soin, en ayant égard à la saison et aux ressources qu'elle offre en viandes, volaille, gibier, poisson, légumes, primeurs, fruits. (*V.* notre Calendrier.)

Autrefois cette liste n'étoit faite que pour le cuisinier
ou la cuisinière, et l'on n'en disait rien aux convives;
seulement, lorsque sur la table devait figurer une pièce
remarquable et tout à fait hors ligne, on pouvait en faire
mention au bas des billets d'invitation; on écrivait, par
exemple, en forme de *post-scriptum : Il y aura une
carpe du Rhin*. Cela n'allait jamais plus loin. Aujour-
d'hui, on est moins réservé, et certains maîtres de
maison font écrire le menu de leur dîner, dont chaque
convive trouve un exemplaire sur sa serviette. Cet usage,
qui a du bon, est pourtant loin d'être généralement
adopté.

Ainsi que nous l'avons dit dans *l'ordre du service*
(*V.* cet article), le nombre des plats, relativement à celui
des convives, est tout à fait arbitraire; cependant on
peut assigner à cette proportion un terme moyen. Nous
supposerons donc qu'il s'agisse de composer le menu
d'un dîner de douze à quinze couverts, voici, dans ce
cas, quels devront être le nombre et la nature des mets :

PREMIER SERVICE.

Six hors-d'œuvre : Beurre frisé, radis, salade d'anchois, olives, cornichons confits, artichauds à la poivrade. — *Deux potages :* Potage gras
au riz, potage maigre aux écrevisses. — *Deux relevés :* Bœuf bouilli
garni de persil, chapon au gros sel. — *Quatre entrées :* Fricandeau,
filets de mouton sautés aux truffes, salmis de perdreaux, saumon,
sauce aux câpres.

DEUXIÈME SERVICE.

Trois rôts : Quartier de chevreuil, dinde truffée, turbot au bleu, anguille à la broche. — *Six entremets :* Petits pois, choux-fleurs au
gratin, aubergines farcies, gâteau d'amandes, beignets de pommes,
crème au chocolat.

TROISIÈME SERVICE.

Quinze assiettes de dessert : Fromage de Chester ou de Roquefort,
quatre assiettes de fruits, deux compotes de fruits, mendiants, biscuits de Rheims, macarons, babas, méringues, gelée de groseilles,
marmelade d'abricots, bonbons.

On comprend que ce menu doit être modifié selon
la saison, particulièrement en ce qui concerne le gibier,
les légumes et les fruits.

Le nombre des plats n'augmente pas dans la même proportion que celui des convives ; si, par exemple, au lieu de douze convives, il y en avait vingt-quatre, il ne faudrait pas doubler le nombre des entrées, rôts, entre-mets, dessert ; il suffirait, comme nous l'avons dit à l'article *ordre du service*, d'augmenter ce nombre d'un tiers. Deux potages sont toujours suffisants, ainsi que deux relevés, pourvu qu'ils soient très-forts ; les hors-d'œuvre seuls doivent être doublés. Quant aux assiettes de dessert, qui doivent toujours être en nombre impair. plus il y en a et mieux cela vaut.

Une des choses les plus importantes dans la compo-sition d'un menu, c'est de ne point se répéter ; ainsi dans le cas où l'un des relevés aurait été un chapon au gros sel, il serait mal de servir un chapon rôti. Si au nombre des entrées il se trouve des soles au gratin, il faut bien se garder de servir des soles frites pour rôt, et ainsi du reste.

Si, au lieu de douze convives, on n'en avait que six, un seul potage et un seul relevé suffiraient ; mais il fau-drait toujours quatre hors-d'œuvre, deux entrées, quatre entremets et neuf ou onze assiettes de dessert.

THÉORIE DU DINER

CHEZ LE RESTAURATEUR.

Ce serait une grande erreur que de croire qu'il suf-fise pour bien diner chez le restaurateur, d'avoir de l'ar-gent dans sa poche et de choisir pour s'y attabler une bonne maison. Certes, c'est quelque chose, mais ce n'est pas tout, et dans ce temps de locomotion perpétuelle où les occasions de diner hors de chez soi sont cent fois plus fréquentes qu'elles ne l'étaient autrefois, il y a, en quel-que sorte, nécessité de se rendre compte de la manière de faire, à égalité de dépense, le meilleur dîner possible chez ces succulents industriels trop vantés et trop décriés tour à tour.

En principe, la cuisine d'un restaurateur quel qu'il soit n'est jamais égale, comme soin et perfection, à la cuisine d'une maison privée de l'échelle correspondante. On dîne beaucoup mieux chez un ambassadeur ou un riche banquier qu'au café de Paris et aux Provençaux, on dîne mieux également dans une bonne maison bourgeoise que chez Véfour ou Philippe; mais cela ne veut pas dire que l'on ne dîne pas fort bien chez ces honnêtes restaurateurs; le tout est de savoir y commander son dîner; c'est là surtout que l'on peut dire avec certitude : « Tel convive, tel repas. »

Et d'abord, c'est une fausse économie que de s'adresser pour dîner à des restaurateurs d'un ordre inférieur; les prix sont moindres à la vérité, mais les qualités sont en proportion des prix et les portions y sont plus petites. C'est donc toujours aux meilleurs restaurants qu'il faut s'adresser, non pas que nous veuillons dire par meilleurs ceux en grandissime réputation que l'exagération du taux des loyers oblige à coter leur carte à des prix exorbitants; mais les restaurateurs de réputation solide que la faveur publique a pris sous sa protection, et où l'on ne trouve que des denrées de premier choix.

Soit que l'on veuille déjeuner ou dîner chez le traiteur, le point le plus important après le choix de la maison est celui de l'heure. Trop tôt, rien n'est terminé; les choix sont par conséquent restreints, et s'il reste par hasard quelques mets de la veille, on tâche de les faire passer les premiers. Trop tard, la carte n'est plus au complet, en outre, il a fallu tenir chauds certains mets qui ne se font pas à l'improviste, et de là le danger, pour le convive, d'avoir un dîner presque réchauffé.

L'heure la plus convenable pour déjeuner chez le traiteur est onze heures; si l'on déjeune au café, toute heure est bonne, car on n'y mange guère que des huîtres, des hors-d'œuvre, des grillades ou des mets froids qui ne pâtissent jamais. Pour dîner, autant que possible, et lorsqu'on va au spectacle surtout, cinq heures et demie est le bon moment. Un très-petit nombre de personnes, en effet, dînent à cinq heures, et le plus grand nombre ne se met à table qu'entre six et sept. On évite donc à cinq heures et demie, outre l'encombrement, les inconvénients signalés ci-dessus.

D'ordinaire, les potages sont assez faibles chez le restaurateur; les potages maigres cependant et ceux aux coulis y sont bons. Une chose dont il faut radicalement s'abstenir, c'est le bœuf, sorte de longe roulée sans os, artistement ficelée, qu'on coupe par tranches de fort bonne mine, mais absolument dénuées de goût. Les capilotades de volaille doivent être aussi évitées, sous peine de trouver dans un poulet trois cuisses et une seule aile, *et vice versa;* de même les mayonaises où tout est sacrifié à la décoration, les matelotes qui ne peuvent jamais être servies à point, etc., etc.

Il faut se pénétrer de cette vérité que la cuisine du restaurateur peut être comparée à la palette du peintre. Sur la palette, c'est par le mélange des couleurs primitives qu'on obtient toutes les nuances; chez le traiteur, c'est par le mélange des préparations fondamentales que se font les mets de toute sorte. Jamais le garçon ne vous dira qu'un mets manque; le cuisinier a le don de création; avec du mouton il fait du chevreuil, avec du veau, du porc frais, etc., etc.

Quiconque ne mange qu'accidentellement chez un traiteur, ne doit jamais arrêter son choix sur les mets que lui propose tout d'abord le garçon. Chaque jour, en effet, le chef a soin de dire aux garçons à l'heure du service : « Telles et telles choses pressent; » cela veut dire qu'elles sont bien près de ne rien valoir et qu'il faut s'efforcer de les faire passer; aussi se garde-t-on bien de les offrir aux vrais habitués.

A l'heure que nous indiquons, les grosses entrées sont excellentes, le rôt est à point, enfin les petites entrées et les entremets ne peuvent qu'être bons, parce que le chef n'étant pas encore dans ce qui s'appelle *le coup de feu*, y peut mettre tout le soin nécessaire.

Quand on dîne de temps en temps chez le traiteur, le mieux est d'aller autant que possible dans la même maison. En donnant au garçon un pour-boire généreux (10 pour 100 environ), en ayant soin de se placer de manière à être toujours servi par le même, et en le consultant sur ses choix, on sera sûr de ne manger que d'excellentes choses, surtout si l'on écrit son menu dès l'arrivée, afin de n'avoir pas à subir de trop longs entr'actes.

En général, le vin d'ordinaire est bon chez les restaurateurs d'un certain ordre. C'est là un de leurs principaux éléments de succès. Quand on sort du vin d'ordinaire il faut monter sans transition aux premières têtes que le traiteur achète lui-même en bouteille. Autrement on est exposé à des déceptions : le vin est malade, il a vieillardé, il tourne à l'huile ou à l'aigre. Prenez du

Clos-Vougeot, du Romanée, du Laffitte, ou tenez-vous à un bon Beaune ordinaire ou à un Saint-Estève de cinq à six ans.

Quant au café et aux liqueurs, il ne les faut jamais prendre chez le traiteur; aucun ne fait le café bon ; beaucoup l'envoyent chercher dans quelques cafés renommés de leur voisinage ; mais alors il est servi froid ou réchauffé.

INSTRUCTION

SUR L'ART DE DÉCOUPER LES VIANDES ET LE POISSON
ET DE SERVIR A TABLE.

Bœuf bouilli. La viande courte étant à la fois plus agréable et plus facile à manger que celle qui serait coupée en long, c'est en travers qu'il faut couper le bœuf bouilli et le bœuf dit *à la mode* ou *braisé;* les tranches, sans être volumineuses, doivent pourtant être assez épaisses pour ne pas se désunir et s'étaler, et il faut, en outre, les couper de manière à ce que chacune d'elles contienne un peu de la graisse du morceau entier. Il faut que le couteau à dépecer soit bien tranchant, sans quoi, lorsque la viande est cuite à point et bien tendre, elle se déchirerait au lieu de se couper, et les morceaux qu'on servirait n'auraient pas de mine.

Bœuf rôti. Le bœuf rôti ayant toujours plus de consistance que le bouilli, on peut le couper en tranches plus minces que ce dernier. Il faut également le couper en travers, afin que la viande soit courte.

Veau. Les parties du veau qui se découpent à table sont le carré et la tête ; pour toutes les autres parties telles que la rouelle dont on fait le fricandeau, le sens et la manière de les couper sont naturellement indiqués par la position dans laquelle ils sont dressés.

Pour découper le carré de veau, on lève d'abord le filet et le rognon qui sont adhérents aux côtes, et on les sépare en morceaux d'égale grosseur; puis on sépare les côtelettes en les coupant perpendiculairement. Si ces côtelettes sont très-fortes, on lève, entre deux une en-

trecôte. On peut aussi séparer les côtelettes sans avoir
levé le rognon et le filet, et alors une portion de ces
deux parties reste adhérente à chaque côtelette; mais le
premier procédé est préférable et c'est le plus généralement adopté.

Quant à la tête de veau, comme elle est toujours dé-
sossée lorsqu'on la met sur la table, et que la chair de
cette partie est peu consistante, c'est avec une cuillère
ou mieux avec une truelle qu'on la découpe. Les morceaux, pour la délicatesse, sont classés dans cet ordre :
les yeux, les oreilles, les bajoues, les tempes, la langue;
mais cette classification est tout à fait arbitraire, et il
faut, sur ce point, se conformer au goût des convives.
Il est indispensable de joindre une portion de la cervelle
à chaque morceau que l'on sert.

Mouton. Le carré de mouton se dépèce de la même
manière que le carré de veau (*V.* plus haut). Quant au
gigot, qu'il soit rôti ou braisé, on le tient de la main
gauche par le manche et l'on coupe en tranches minces
toute la partie charnue, depuis la jointure jusqu'à l'os
du filet. On détache ensuite la partie nerveuse qu'on
appelle la *souris,* puis les parties de derrière; mais ce
sont les moins estimées, et, à moins que les premières
tranches ne soient insuffisantes, on peut se dispenser de
lever les autres parties.

L'*Agneau* et le *Chevreuil* se dépècent de la même
manière que le mouton.

Cochon de lait. On sait que, pour qu'un cochon de
lait rôti soit bon, il faut que sa peau soit bien rissolée
et bien croquante; il importe donc de lever promptement cette peau, de manière à ce qu'un peu de chair y
reste adhérente dans toute son étendue, de la diviser
par carrés et de servir rapidement. Mais avant tout il
faut, dès que l'animal est posé sur la table, lui trancher
la tête d'un seul coup. Cette opération empêche que la
peau ne se ramollisse trop promptement et elle facilite
la dissection.

Chapon. Le chapon bouilli ou au gros sel se sert
dressé le dos sur le plat et la poitrine découverte. On
lève d'abord la cuisse gauche en appuyant d'une main
la fourchette sur cette partie, tandis que le couteau va
chercher la jointure. On lève ensuite l'aile du même
côté en opérant de la même manière, puis on répète

cette opération sur le côté droit. Après avoir détaché ainsi les quatre membres, on coupe le croupion, puis on lève, sur la poitrine, les blancs qu'on nomme aussi *filets* ou *suprêmes,* et enfin on brise la carcasse.

Le chapon rôti se sert dressé sur le ventre. On le dépèce de la même manière que le chapon bouilli ; seulement, après avoir levé les membres, il faut le retourner pour lever les blancs.

Les *dindes, poulets* et *poulardes* se dépècent de la même manière, ainsi que les *perdrix, bécasses* et *bécassines.* Les *pigeons* et les *cailles* se servent assez souvent entiers, un à chaque convive ; cependant si chaque pièce est trop forte, on peut la couper en deux. Il faut la séparer dans toute sa longueur en deux parties égales.

Lorsque la volaille est très-forte, on peut, après avoir levé les membres, diviser chacun d'eux en trois ou quatre parties.

Si la volaille est truffée, on ajoute à chacun des morceaux que l'on sert, des truffes et une partie de la farce truffée que l'on retire de l'intérieur avec une cuillère.

Oie. Pour dépecer l'oie, on appuie la fourchette sur la poitrine de l'animal, et on lève en filets toute la partie charnue qui s'étend depuis la naissance du cou jusqu'au croupion. Ces filets, qu'on appelle aussi *aiguillettes,* sont la partie la plus délicate de l'animal ; viennent ensuite les cuisses, puis les ailes qui se lèvent de la même manière que pour la dinde et le chapon.

Canard. Le canard rôti se dépèce de la même manière que l'oie ; les aiguillettes ou filets en sont également la partie la plus délicate.

Si le canard est servi comme entrée, c'est-à-dire bouilli, il ne faut se servir ni de couteau, ni de fourchette ; il doit être assez cuit pour être facilement coupé et servi avec une cuillère.

Lièvre. Le lièvre rôti est ordinairement piqué de lard très-fin et dressé sur une sauce piquante. Le râble, qui s'étend depuis l'épaule jusqu'aux cuisses, étant la partie la plus délicate de l'animal, c'est cette partie que l'on coupe d'abord en tronçons, après l'avoir levée tout entière ; on sépare ensuite les cuisses, les épaules, et l'on fend la tête pour en extraire la cervelle dont les amateurs de gibier font un très-grand cas.

Le *lapin* rôti se dépèce comme le lièvre.

POISSONS.

Les menus poissons d'eau douce et de mer, qu'ils soient cuits au bleu, frits au gratin ou en matelote, se servent tout simplement avec une cuillère.

Les gros poissons se dépècent et se servent avec une truelle. Il ne faut, en aucun cas, se servir d'un couteau.

Brochet. On coupe d'abord la tête avec le tranchant de la truelle ; puis, toujours avec le tranchant, on tire une ligne de la tête à la queue en appuyant assez fortement pour atteindre la grande arête, que l'on enlève aussitôt. On coupe ensuite le brochet par tronçons.

Truite. On peut dépecer la truite de la même manière que le brochet ; mais il vaut mieux, après avoir tiré une ligne de la tête à la queue, tracer d'autres lignes transversales et obliques, et lever chacune des parties ainsi divisées, sans ôter l'arête. Après avoir enlevé ainsi toute une surface, on retourne le poisson et on opère de la même manière pour l'autre côté.

La *carpe*, l'*alose* et le *barbeau*, se dépècent et se servent comme le brochet.

Turbot. Le turbot se sert dressé sur le dos et le ventre à découvert. Avec le tranchant de la truelle et en appuyant assez fortement pour atteindre l'arête, on fait une croix sur toute l'étendue du ventre ; puis, du centre jusqu'aux barbes ; on tire d'autres lignes transversales, et on lève chaque morceau l'un après l'autre. Lorsque le ventre, qui est la partie la plus délicate, est entièrement servi, on enlève l'arête, et l'on divise le dos comme on a divisé le ventre.

Soles. La sole au gratin, quelque forte qu'elle soit, se sert toujours avec une cuillère. Quant à la sole frite, lorsqu'elle est très-forte, on peut se servir de la truelle, et l'on opère alors comme pour le turbot.

DES VINS.

SOINS DE LA CAVE. — COLLAGE DES VINS. — MALADIES
DES VINS. — CHOIX DES VINS.

La bonne cave fait le bon vin, dit un vieil adage.
Cela n'est pas rigoureusement exact ; mais si une bonne
cave est impuissante à métamorphoser de la piquette en
macon ou en bordeaux, il est certain qu'en y séjournant
les vins médiocres s'y améliorent, et que les bons y
deviennent délicieux, pourvu, toutefois, qu'on leur
donne tous les soins nécessaires dont nous parlerons
tout à l'heure.

Une bonne cave doit être à l'exposition du nord, il
faut qu'elle soit construite sur un sol à base pierreuse,
et de manière à n'être ni trop sèche, ni trop humide :
trop sèche, elle accélère l'évaporation des vins ; trop
humide, elle pourrit les fûts et donne au vin un goût de
moisi détestable et que rien ne peut lui enlever. La cave
doit être garnie de soupiraux disposés de telle sorte que
lorsqu'on ouvre la porte de cette cave, il s'établisse
aussitôt un courant d'air. Les murs de certaines caves
sont enduits d'une sorte d'humidité visqueuse que
beaucoup de personnes prennent pour un indice de
fraîcheur bienfaisante ; c'est une erreur : cette crasse
visqueuse accélère la corruption de tout ce qu'elle envi-
ronne ; lorsqu'elle se produit, il faut se hâter de la faire
disparaître en faisant gratter et blanchir à l'eau de chaux
les murs de la cave.

Les tonneaux doivent être élevés à quinze ou dix-huit
pouces du sol, et reposer sur des solives de bon bois
bien sec, de manière à ce que le devant soit légèrement
incliné.

Une extrême propreté doit régner dans toutes les
parties de la cave ; il faut la balayer souvent, détruire
avec soin les limaces et les araignées qui s'y produisent,
et s'assurer fréquemment de l'état des fûts, car la des-
truction des cercles est quelquefois très-rapide, soit
qu'elle ait pour cause l'humidité ou l'action pulvéri-
sante de certains vers dont le travail incessant parvient

souvent, en peu de jours, à faire éclater un fût cerclé à neuf.

Mais quelque soin que l'on prenne de la cave et des fûts, le contenu de ces derniers ne demeure pas intact; l'évaporation est incessante. Il faut donc, tous les mois au moins, débondonner les fûts et les remplir avec du vin de même qualité que celui qu'ils contiennent, puis les rebondonner soigneusement.

Il faut aussi débarrasser les fûts de la moisissure qui peut s'y être attachée, en les brossant fréquemment, et ne rien mettre dans la cave qui soit susceptible de fermentation, comme bois, légumes, fromages, etc.

Le voisinage d'une écurie ou d'une fosse d'aisance est désastreux pour le vin ; cela lui fait perdre à la fois sa force, son arome et sa couleur. Il importe aussi que la cave ne soit pas située de manière à subir l'ébranlement du sol causé par les voitures, chose trop commune à Paris, et qui fait que les vins tournent promptement à l'aigre ou à l'huile.

Collage des vins. Les fûts étant en cave depuis plusieurs jours, on pourrait mettre le vin en bouteilles tel quel ; mais alors il s'opérerait, dans les bouteilles, un dépôt de matières vineuses solides, et l'on n'obtiendrait que difficilement du vin pur et limpide. C'est par le collage qu'on obvie à cet inconvénient.

Pour le collage du vin rouge, on se sert ordinairement de blancs d'œufs ; pour le vin blanc, la colle de poisson est préférable. Supposons qu'il s'agisse de coller une pièce de vin rouge de trois cents bouteilles : on perce d'abord la pièce, on y met la cannelle, et l'on en tire trois bouteilles. On bat ensuite six blancs d'œufs que l'on mouille au fur et à mesure avec une de ces trois bouteilles ; on verse ce mélange dans la pièce, puis on y introduit, par la bonde, un bâton fendu que l'on agite dans tous les sens. Cela fait, on achève de remplir la pièce avec le vin tiré précédemment, puis on la bouche avec une bonde garnie d'une toile neuve ou fraîchement lessivée, et cinq jours après on peut mettre le vin en bouteilles.

Le collage du vin blanc s'opère de la même manière, si ce n'est qu'au lieu de blancs d'œufs on se sert de colle de poisson. Deux gros de cette substance, dissous dans une bouteille de vin blanc, suffisent pour une pièce.

4

Le vin ainsi clarifié peut être mis en bouteilles dans tous les temps ; cependant on croit avoir remarqué qu'un temps sec et beau est préférable à un temps nuageux et humide ; les gens du métier sont, en outre, convaincus qu'aux trois époques des équinoxes du printemps, de l'automne et du solstice d'été, la mise en bouteilles du vin réussirait moins bien. Cela ressemble bien un peu à l'influence attribuée à la lune rousse ; mais c'est ici le cas de faire application de l'axiome : *Dans le doute, abstiens-toi.*

Le choix des bouteilles n'est pas indifférent ; il en est dont la matière se décompose par l'acide contenu dans le vin ; celles dites de Sèvres sont les meilleures que l'on puisse se procurer. Il est bien entendu qu'elles doivent être parfaitement rincées et séchées avant d'être remplies.

Le vin mis en bouteilles, bouché et couché, ne tarde pas, quelque bien collé qu'il ait été, à déposer sur les parois des bouteilles, une partie de la matière colorante qu'ils contiennent. Ce dépôt augmente avec le temps ; mais il ne nuit pas à la qualité du vin ; seulement il en rend l'aspect désagréable, lorsque la bouteille a été relevée brusquement par une main malhabile. Lorsqu'il s'agit de vins ordinaires, on lève les bouteilles doucement ; on les débouche sans secousse, et l'on en transvase le contenu dans des carafes de cristal ; mais les vins fins demandent plus de précaution : les bouteilles qui les contiennent doivent être couchées très-délicatement, et conserver toujours leur position horizontale : on les sert couchées dans de petits paniers faits tout exprès, ou bien sur un instrument appelé *versoir* ou *porte-bouteille*, ce qui permet de verser tout le liquide sans que le dépôt s'y mêle.

Il nous reste à parler ici des maladies des vins : il en est qui aigrissent, soit en pièces, soit en bouteilles ; d'autres tournent à l'huile ; d'autres enfin prennent un goût d'amertume ou de moisi qui les rend impotables.

Les vins légers sont ceux qui aigrissent le plus facilement ; le trop de sécheresse de la cave, la moindre négligence à remplir les tonneaux, le transport des tonneaux par un temps chaud, sont les causes de cet accident. Voici le remède à appliquer : tirez sept ou huit bouteilles du tonneau, et remplacez-les par une égale quantité d'eau-de-vie ; agitez le tout, et faites passer le contenu du tonneau dans un autre tonneau où vous aurez fait brûler une mèche soufrée. Collez ce vin deux jours après et mettez-le en bouteilles. Le mal a disparu; mais il pourrait reparaître : il est donc sage de consommer, le plus vite possible, le vin qui a subi cette perturbation.

Tous les vins sont susceptibles de tourner à la graisse; alors, quand on les verse, ils filent comme de l'huile. Pour remédier à ce mal, il faut coller le vin en ajoutant à la colle une bouteille d'eau-de-vie pour chaque pièce.

Il n'y a point de remède pour le vin qui a contracté le goût de moisi; mais on guérit aisément celui qui est devenu amer, en le coupant avec du vin plus jeune, de même qualité.

Ces diverses maladies peuvent être également contractées par les vins en bouteilles; dans ce cas, il suffit de transvaser le vin deux fois dans l'espace d'un mois, s'il a tourné à la graisse, pour le guérir; s'il est devenu aigre, il faut le dépoter, le remettre en fut et le traiter comme il est dit plus haut.

Un mot maintenant du classement des vins; c'est chose tout arbitraire en apparence; mais en réalité la gradation repose sur des bases certaines, et les vins constituent trois catégories bien distinctes :

VINS D'ORDINAIRE.

Avallon (Bourgogne), Beaugency (Orléanais), Bordeaux, Chablis (Champagne), Coulange (Auxerre), Macon (Bourgogne), Médoc (Bordeaux), Mercurey (Bourgogne), Meursault (Bourgogne), Montrachet (Bourgogne), Orléans.

VINS D'ENTREMETS.

Aï (Champagne), Anjou, Arbois (Franche-Comté), Beaune (Bourgogne), Cahors (Bordeaux), Cap de Bonne-Espérance, Chambertin (Bourgogne), Champagne rouge, Champagne blanc-tisane, Château-Grillé, Château-Margot (Bordeaux), Chypre (Grèce), Clos-Vougeot (Bourgogne), Côteaux de Saumur, Côte-rôtie, rouge et blanc (Dauphiné), Grave du Lamou (Bordeaux), Grenache (Roussillon), Hermitage (Dauphiné), Langon (Bordeaux), Nuits (Bourgogne), Pomard (Bourgogne), Pouilly-Suisse (Bourgogne), Pouilly-Sancerre (Bourgogne), Rancio (Pyrénées), Roussillon, Saint-Emilion (Bordeaux), Saint-Georges (Bourgogne), Saint-Perrey, Soterne, Tavel (Languedoc), Volnay (Bourgogne), Vauvray blanc (Tourraine).

VINS DE DESSERT.

Alicante (Espagne), Beni-Carlos (Espagne), Château-neuf du pape (Avignon), Constance (Afrique), Frontignan (Languedoc), Jurançon rouge et blanc (Béarn), Laffitte-Ségur (Bordeaux), Lunel (Languedoc), Madère (Afrique), Malaga (Espagne), Porto (Portugal), Rancio (Espagne), Ribauvelte (Roussillon), Rota (Espagne), Tokai (Hongrie), Xérés (Espagne).

Cette nomenclature, quelque étendue qu'elle paraisse, n'est pas complète ; toutefois il est peu de gourmets auxquels il soit donné de posséder dans leur cave la collection des vins que nous avons énumérés. Avant d'offrir quelques observations sur la destination générale de chaque espèce, n'oublions pas de remarquer que toutes ne doivent pas être mises dans la même cave. Les vins d'Espagne, les vins sucrés, tels que le malaga et le rancio, doivent être placés debout dans une armoire. La chaleur les perfectionne, et le froid de la cave arrêterait leur développement.

Quelques gourmets prétendent que le saint-péray et plusieurs autres vins du même genre gagnent également à être gardés dans l'appartement ; c'est un point sur lequel on n'est point d'accord.

Observons encore que rien n'est plus pernicieux pour les vins que d'être frappés de glace. Le champagne seul gagne à ce refroidissement ; les autres vins y perdent leur arôme et leur bouquet ; ils deviennent méconnaissables. On ne rafraîchira à la glace, en conséquence, que les vins d'ordinaire, et encore vaudra-t-il mieux ne glacer que l'eau, qui communiquera aux vins une fraîcheur suffisante, même aux jours les plus ardents de la canicule.

Mais il ne suffit pas de s'abstenir de glacer les vins fins ; les diverses espèces réclament divers degrés de chaleur et de froid. Ainsi le bordeaux sortant de la cave n'a pas ce goût suave et ce velouté qui lui donnent tant de prix. Il faut, pour que ses qualités paraissent avec tout leur avantage, que la bouteille, placée à l'avance à l'air atmosphérique, ait été réchauffée. L'hiver, les gourmets la placent un moment sur le poêle. Il n'en est pas de même du bourgogne, qui doit être bu sortant de la cave, ou très-peu d'instants après.

Toutes ces réflexions se résument dans le triple axiome suivant : le bourgogne à la fraîcheur de la cave, le bordeaux sur le poêle, le champagne à la glace.

Essayant de fixer les attributions de chaque vin, commençons par celui qui sert de base à un dîner, et qui, sous un nom modeste, mérite cependant toute l'attention du gastronome. Son nom de *vin d'ordinaire* indique assez l'usage journalier de ce vin ; mais si l'on réfléchit que c'est celui dont on boit le plus souvent, on devra convenir en même temps qu'il doit être d'une très-bonne qualité, attendu que les vraies jouissances sont celles qui embrassent tous les moments.

———o◉o———

CONSERVATION

DES SUBSTANCES ALIMENTAIRES

VIANDES, POISSONS, ETC.

Les viandes s'altèrent ou se putréfient avec plus ou moins de promptitude, selon qu'elles renferment plus ou moins de principe aqueux.

On a essayé de fixer approximativement le temps que les viandes des divers animaux, exposées en plein air, se conservent en bon état. En voici le tableau :

	EN ÉTÉ. jours.	EN HIVER. jours.		EN ÉTÉ. jours.	EN HIVER. jours.
Bœuf	4	8	Mouton	2	3
Chapons	3	6	Perdrix	2	8
Chevreuil	4	8	Pigeons	2	4
Coq de bois	6	14	Poulets	2	4
Dindons	4	8	Poules (vieilles)	3	6
Faisan	4	10	Sanglier	6	10
Gelinottes	4	10	Veau et agneau	2	4
Lièvres	3	6			

Telle est la durée de ces viandes dans les climats tempérés, lorsqu'on les suspend en plein air ou qu'on les met au garde-manger ; mais il faut leur faire éviter le contact des métaux, des pierres et du bois, car elles se corrompraient plus facilement, de même que si on les mêlait et qu'on les entassât les unes sur les autres. Elles peuvent se conserver bien plus longtemps lorsqu'on les met à l'abri de la chaleur, de l'eau et de l'air, principales causes de leur corruption.

On emploie en outre, pour conserver les substances animales, différents procédés que nous allons faire connaître.

Substances animales fraîches. Lorsque l'on veut, pendant l'été, conserver plusieurs jours des poissons ou de la viande, il faut avoir soin, pour le poisson, le gibier et la volaille, de les vider exactement, de laver le poisson avec de l'eau de puits nouvellement tirée, d'essuyer ensuite pour enlever autant que possible l'humidité. Il faut couvrir toutes ces substances de manière à les préserver de l'attaque des mouches ; on les place ensuite dans un lieu frais. Une très-bonne méthode est de les placer dans un grand panier que l'on descend dans un puits et que l'on maintient à un pied au-dessus de l'eau ; on couvre le puits avec des paillassons ou un couvercle en bois.

Quand on redoute l'effet d'un orage imminent, ou lorsqu'on craint que les pièces ne soient un peu avancées, on les soumet à l'action du feu pour les cuire seulement à moitié.

On lave aussi très-souvent l'intérieur des volailles et du gibier, ainsi que le poisson, avec un peu de vinaigre dans lequel on a fait fondre un peu de sel.

Pour conserver des poissons vivants en voyage et sans le secours de l'eau, détrempez de la mie de pain dans de l'eau-de-vie, emplissez-en la gueule du poisson, versez un peu d'eau-de-vie par-dessus, enveloppez-le ensuite délicatement dans de la paille, il se conserve ainsi pendant quelques jours dans une sorte d'étourdissement ; pour le rendre au mouvement, il suffit de le mettre dans de l'eau fraîche, où il revient à la vie au bout de quelques heures.

Substances animales par la salaison. On ne doit employer pour la salaison que le sel le plus pur et le plus pesant, le sel léger étant terreux. La dose est d'un sixième de sel sur le poids de la viande à saler. C'est avec beaucoup de force, et en frappant la viande, qu'on l'y insinue ; on doit en arracher le plus possible les vaisseaux sanguins qui la traversent. Les morceaux de viande étant salés, on les place dans un tonneau ou vase, où ils restent huit à dix jours. Pendant cet espace de temps la viande se pénètre de sel, l'excédant se convertit en saumur : il faut avoir la précaution de s'assurer si le vase est bien rempli, et, s'il ne l'était pas entièrement, achever de le remplir avec du sel.

Ce procédé de salaison est propre à toutes les viandes, seulement on sale un peu moins le lard. Il s'applique également à toutes les espèces de poissons.

Substances animales par l'exposition à la fumée. L'exposition à la fumée a non-seulement la propriété de dessécher les substances qu'on soumet à l'action de cet agent, mais encore de les conserver en les modifiant d'une manière particulière. La fumée des végétaux qu'on brûle pour faire cette opération, contient de l'acide acétique (acide de vinaigre), et une huile empyreumatique qui réagissent sur les substances animales en les pénétrant et se combinant avec elles. Les autres principes contenus dans la fumée sont superflus pour le succès de l'opération, et ne se combinent pas avec ces produits. Il y a deux procédés en usage pour exécuter cette opération : le plus simple est celui dont on use dans les ménages ; il consiste à suspendre dans la cheminée, à quelques pieds au-dessus de l'âtre, les pièces que l'on veut conserver. C'est ainsi que l'on fume les jambons que l'on prépare chez soi. Il faut avoir soin que les pièces soient assez éloignées du foyer, pour que la chaleur ne puisse faire fondre la graisse qui se trouve dans les pièces que l'on expose à la fumée.

Le second procédé, qui est suivi par les charcutiers et ceux qui préparent le bœuf fumé pour la marine, consiste à disposer dans une chambre des perches horizontales, auxquelles on attache les pièces à fumer, de manière à ce qu'elle soient suspendues sans se toucher entre elles. On fait arriver la fumée dans cette chambre par un tuyau de cheminée, ou par un tuyau de tôle ou de fonte de fer. Lorsqu'elle est bien remplie de fumée, on interdit tout accès à l'air. On renouvelle le feu de six heures en six heures, on évente la chambre avant de renouveler le feu, qui doit la remplir de fumée.

Substances animales par l'huile, le beurre fondu ou le saindoux. On conserve les substances animales en les arrangeant, après les avoir bien parées, dans un vase vernissé qu'on emplit ensuite d'excellente huile d'olive ; les cuisses d'oies et les sardines ainsi conservées ont un goût délicieux.

On peut aussi, après avoir arrangé les substances animales dans le vase, les saupoudrer, par lits, de sel fin, et couvrir chaque lit d'une couche de beurre fondu ou de saindoux. La couche versée sur le dernier lit doit être plus épaise que les autres.

Les cuisses d'oies se conservent aussi de cette manière, en employant la graisse d'oie de préférence au beurre et au saindoux.

Substances animales par le vinaigre. Jusqu'à présent ce procédé n'a été employé que pour les oies et pour les grives. Voici en quoi il consiste :

Plongez les oies, bien plumées et bien flambées dans de l'eau bouillante, retirez-les de cette eau après quelques instants, et arrosez-les de vinaigre mêlé de bon vin rouge, de gelée de viande, le tout bien aromatisé. Faites bouillir le tout jusqu'à ce que les chairs soient à moitié cuites, puis mettez dans un bocal de verre que vous soumettrez au bain-marie, à cent degrés centigrades, pendant une demi-heure. Cela fait, versez sur la saumure une couche de cire fondue, et tenez le bocal au frais, pendant six mois, la chair des oies sera délicieuse.

Quant aux grives, on leur coupe la tête et les pieds, on les fait cuire à moitié sur le gril ou à la brochette; puis on les arrange dans un tonnelet, que l'on emplit de vinaigre bouilli et froid. On ferme bien le vase et on le retourne chaque jour pendant un certain temps.

Substances animales par le procédé de M. Appert. De tous les procédés, pour conserver longtemps les substances animales, le plus simple et le plus sûr est celui de M. Appert. On fait cuire à moitié les viandes ou les poissons que l'on veut conserver, on les arrange dans des bocaux. Ces bocaux étant pleins aux cinq sixièmes, on les bouche hermétiquement et solidement d'un double liége maintenu par un fil de fer, puis on les range dans un chaudron en les séparant les uns des autres avec du foin, et l'on remplit ce chaudron d'eau jusqu'à ce que le niveau de cette eau arrive à deux pouces de l'orifice des bocaux. Le chaudron doit être alors placé sur un feu ardent, et il faut laisser bouillir l'eau pendant une demi-heure, après quoi on retire le chaudron du feu, et on laisse refroidir le tout. L'opération est terminée et il ne reste plus qu'à déposer les bocaux dans un lieu sec et froid.

Beurre. On peut conserver le beurre frais pendant un très-long temps par le procédé bien simple que voici: le beurre étant de bonne qualité et surtout bien lavé, il faut emplir un pot de grès jusqu'au bord, de manière à ce que le beurre soit bien serré. On retourne ensuite ce pot de façon à ce que son orifice repose sur le fond d'une assiette creuse, et l'on remplit cette assiette d'eau fraîche que l'on renouvelle tous les jours. On peut user de ce beurre chaque jour, jusqu'à ce qu'il soit épuisé, sans qu'il cesse d'être aussi frais que le premier jour, pourvu qu'à chaque fois on ait soin de le retourner sur l'assiette et de renouveler l'eau.

Une autre méthode, qui est celle de M. Appert, consiste à diviser le beurre par petits morceaux et à en remplir des bouteilles, en tassant de manière à ce qu'il ne reste pas de vide, jusqu'à ce que le beurre ainsi tassé arrive à huit centimètres au-dessous de l'endroit où doit s'arrêter l'extrémité inférieure du bouchon. Ces bouteilles, ainsi préparées, se mettent au bain-marie dans de l'eau froide que l'on soumet à l'action du feu jusqu'à ce que l'ébullition de l'eau commence. On retire alors le bain-marie du feu ; on laisse le tout refroidir.

On conserve aussi le beurre au moyen de la salaison. Pour cela il faut employer le sel le plus pur. La proportion est d'un demi-kilo de sel sur cinq kilos de beurre. On en remplit des pots de grès, bien propres et bien secs, en l'y tassant le plus possible. Au bout de huit jours, on remplit le vide qui s'est fait dans les pots avec une forte saumur préparée à chaud, mais que l'on verse à froid sur le beurre.

Enfin, on conserve encore le beurre en en faisant du *beurre fondu.* Pour cela, on fait fondre le beurre dans une bassine ; tant qu'il se forme de l'écume à sa surface on l'enlève avec soin, et lorsqu'il ne s'en produit plus, on ôte la bassine du feu et on laisse déposer le beurre qu'on verse ensuite avec précaution dans des pots de grès.

Terminons cet article par une recette fort usitée en Angleterre. On prend une partie de nitre, une de sucre, deux de sel pur ; on les réduit ensemble à l'état d'une poudre très-fine, et l'on sale avec cette poudre le beurre, au sortir de la *baratte,* dans une proportion de seize parties de beurre pour une partie de cette poudre composée. On met le beurre en pots, et au bout de huit jours, on remplit avec du sel pur les légers tassements qui se sont produits. Quinze jours après, le beurre ainsi traité a acquis un goût fin, moelleux, qu'aucun autre ne peut avoir, et avec les précautions d'usage, il se conserve plus qu'aucun autre.

Un nouveau moyen, pour lequel il a été tout récemment pris un brevet (septembre 1851), consiste à mélanger le beurre avec du sucre en poudre. Lorsqu'on veut faire usage du beurre, on le lave jusqu'à parfaite séparation. Des beurres d'Issigny ainsi expédiés au Brésil et à Bourbon y sont arrivés en état de parfaite conservation.

Œufs. Il y a bien des moyens pour conserver les œufs. Ils se maintiennent renfermés dans le millet, les menus grains et les sciures de bois. Toutefois, il faut les placer loin de la chaleur. Quelques personnes les conservent dans le son ; mais ce procédé a l'inconvénient d'engendrer les vers. D'autres les conservent dans des cendres aromatiques mêlées de sable fin. On met encore en usage la cendre ordinaire. Un des moyens les plus sûrs est de les emballer dans de la poudre de sucre : ce procédé est bon sans doute pour la curiosité, mais il sera moins propre à l'économie que celui-ci. Il suffit d'avoir une quantité d'œufs frais, dans la saison où ils sont le plus communs, et de les immerger dans de l'eau de chaux ; ainsi recouverts d'une légère couche calcaire avec excès de chaux qui en bouche les pores, ils sont en état de se conserver longtemps sans altération.

VÉGÉTAUX.

Asperge. Lorsqu'on a cueilli des asperges et qu'on ne peut les employer tout de suite, il faut, pour les conserver, les mettre dans du sable fin un peu humide et les en recouvrir : on peut les conserver pendant huit jours de cette manière.

Chou et Chou-fleur. Ce légume a un nombre infini de variétés ; on garde pour l'hiver les variétés du chou pommé, du chou de Milan et du chou-fleur. Après les avoir arrachés, on en sépare les feuilles inutiles, et on les dispose dans une serre en plantant leurs racines dans du sable frais contenu dans des rigoles : il faut avoir soin que chaque chou soit isolé.

Choucroute. On peut employer toutes les variétés du chou pommé pour préparer la choucroute. On les coupe en tranches minces et on les dispose par couches dans une caisse et dans un tonneau. Sur chaque couche de chou on parsème du sel et de la graine de genièvre et de carvi. On tasse ces couches en frappant sur le mélange avec un pilon de bois. On doit, autant que possible, se servir d'un tonneau ayant contenu de l'eau-de-vie ou du vin. On remplit le tonneau en alternant ainsi les couches de choux, de genièvre et de sel. On met le tonneau dans un endroit tempéré de vingt degrés centigrades, et on laisse fermenter. Lorsque la fermentation est terminée, on place le tonneau dans un cellier; on a soin de bien comprimer la masse et de couvrir le tonneau avec un couvercle bien ajusté qui ne donne pas accès à l'air extérieur.

Herbes cuites. Ce terme pourrait s'appliquer à tous les herbages soumis à la cuisson, mais il est spécialement consacré à désigner l'oseille cuite. Ordinairement on la cuit avec d'autres plantes dont les unes sont destinées à corriger son âcreté et son acidité, comme la poirée, diverses espèces d'arroche; et les autres à lui servir d'assaisonnement, comme le persil, le cerfeuil, la ciboule, etc.

Après avoir épluché, lavé et bien égoutté les herbes, on les hache et on en remplit une chaudière que l'on met sur le feu. Lorsque l'on s'aperçoit que les herbes s'attachent un peu au fond de la chaudière, il faut remuer vivement; si l'on s'apercevait que le gratin augmentât, il faudrait retirer sur-le-champ la chaudière du feu, verser les herbes dans une terrine et bien nettoyer la chaudière avant de continuer l'opération. Placées sur le feu en les foulant, on a soin de les remuer avec une cuillère ou une spatule de bois, afin que les herbes ne s'attachent plus au fond. On entretient le feu jusqu'à ce que le mélange soit assez épais pour que, en en mettant un peu refroidir sur une assiette, il ne laisse pas couler de liquide lorsqu'on incline cette assiette. On ajoute alors le sel et les épices; on remue bien et on verse le tout dans des pots de grès bien secs. On a soin de ménager à peu près un pouce de libre, afin de pouvoir couvrir le contenu de chaque pot de graisse ou de beurre fondu qui, en se figeant, intercepte tout accès à l'air.

Chicorée. Après avoir épluché la chicorée dont on rejette les feuilles vertes, on la plonge dans de l'eau bouillante et salée, on la retourne jusqu'à ce qu'elle soit diminuée de volume sans être cuite ; on la jette alors dans de l'eau froide ; on la retire ensuite et la laisse bien bien égoutter ; on la met dans des pots de grès et on la foule bien. Au bout de vingt-quatre heures, elle rend beaucoup d'eau salée ; on l'égoutte bien en la pressant ; puis on verse dessus de la saumur bien claire ; on recouvre le tout de beurre fondu.

Plantes d'assaisonnement dites **Fournitures.** Lorsque l'on veut conserver pour l'hiver des fournitures, on épluche et on lave toutes les plantes qu'on veut y faire entrer ; on les presse dans un linge, on les hache bien menu et on les étend entre deux feuilles de papier et on les expose au soleil. Lorsque ces herbes hachées sont bien sèches, on les serre dans des sacs de papier. Pour employer cette fourniture, on la place sur un tamis qu'on expose pendant quelques minutes à la vapeur de l'eau chaude, mais non en ébullition ; la vapeur pénètre les plantes et leur rend leur couleur et leur fraîcheur. On peut faire sécher du persil de cette manière pour en avoir toujours sous la main.

Artichaud. On fait sécher, pour l'hiver, le porte-foin de l'artichaud ; pour cela, on fait cuire à moitié l'artichaud dans de l'eau, on le retire de l'eau, on le dégarnit de ses feuilles, on le fait égoutter à l'air et on le laisse bien ressuyer ; on achève la dessiccation en le mettant dans un four chauffé modérément.

Cornichons. Après avoir bien essuyé ou brossé des cornichons, mettez-les dans une terrine, et couvrez-les d'une couche de sel. Vingt-quatre heures après, le sel étant fondu, retirez-les de l'eau qu'ils auront rendu ; mettez-les dans un vase sec, et versez dessus du vinaigre blanc bouillant, en assez grande quantité pour que les cornichons baignent dans ce liquide. Couvrez le vase, et laissez de nouveau écouler vingt-quatre heures. Faites ensuite bouillir le vinaigre une seconde fois et versez-le sur les cornichons, que vous aurez arrangés dans des bocaux et auxquels vous aurez ajouté de petits oignons, de l'estragon, de la pimprenelle, de la passe-pierre, etc. Couvrez ces bocaux avec un parchemin ; les cornichons qui y seront renfermés se conserveront pendant un an et plus verts, fermes et d'un excellent goût.

Piment ou Poivre-long. Le piment est un fruit qui est vert avant sa maturité, et rouge lorsqu'il est mûr. Pour le conserver, on le soumet à la dessiccation en l'exposant à l'action de l'air.

Tomates. Les tomates se conservent pendant un certain temps dans des celliers frais; mais cette conservation ne dépasse pas les premières gelées. Pour en avoir pendant l'hiver, il faut les faire confire dans le vinaigre comme les cornichons, ou en extraire le jus et le soumettre au bain-marie, d'après la méthode de M. Appert, dont nous parlerons tout à l'heure.

CONSERVATION DES VÉGÉTAUX D'APRÈS LA MÉTHODE APPERT.

Pour conserver les végétaux, d'après cette méthode, il faut avoir des bouteilles faites exprès, dont le goulot soit assez large pour permettre l'introduction et la sortie d'objets d'assez forte dimension. Ces bouteilles doivent être plus épaisses et présenter plus de solidité que celles destinées aux liquides.

Le procédé Appert est en lui-même d'une excessive simplicité : il consiste à remplir jusqu'aux quatre cinquièmes de leur capacité les bouteilles avec les végétaux que l'on veut conserver, et qui doivent être, au préalable, bien épluchés; on bouche ces bouteilles le plus hermétiquement possible; on assujettit le bouchon avec un fil de fer, puis on met ces bouteilles dans un chaudron, en mettant du foin entre chacune d'elles; on remplit le chaudron d'eau jusqu'à ce que cette eau arrive à la naissance du goulot des bouteilles; on met le chaudron sur le feu et on l'y laisse jusqu'à ce que l'eau ait subi une ébullition plus ou moins longue, selon la nature des végétaux sur lesquels on opère. Après cette opération, on laisse refroidir le tout et l'on dépose les bouteilles à la cave en les plaçant debout sur une planche, à plusieurs pieds au-dessus du sol.

Les végétaux que l'on veut conserver ainsi ne doivent être ni trop verts, ni trop mûrs. Tous se traitent de la même manière; il n'y a de différence que dans le temps d'ébullition que chaque espèce doit subir; ainsi le temps d'ébullition est, pour les *artichauts*, une heure; pour les *asperges*, cinq minutes; *chicorée*, cinq minutes; *choux-fleurs*, trente minutes; *épinards*, quinze minutes; *fèves de marais*, une heure; *haricots blancs*, deux heures; *haricots verts*, une heure et demie; *oseille*, quinze minutes; *petits pois*, deux heures; *truffes*, une heure.

La plupart des substances ainsi traitées peuvent se conserver pendant plusieurs années; mais l'art n'a pas dit son dernier mot : nous avons maintenant des asperges superbes depuis le 1er janvier jusqu'au 31 décembre, et tous les végétaux suivent cette progression... qui vivra, verra.

FALSIFICATION ET SOPHISTICATION

DES SUBSTANCES ALIMENTAIRES SOLIDES ET LIQUIDES.

MOYENS DE LES RECONNAITRE.

Aujourd'hui que la fraude et la rapine se sont glissées partout dans le commerce, et particulièrement chez les marchands en détail dont le nombre va toujours croissant, il est très-important de connaître les moyens par lesquels on peut découvrir l'altération, la falsification, la sophistication des objets de consommation qu'on achète, et particulièrement des substances alimentaires, car la falsification de ces dernières ne porte pas seulement atteinte à la bourse du consommateur, elle peut compromettre sa santé et même sa vie.

Presque toutes les substances alimentaires sont promptement altérées par l'action du temps, la température et les variations atmosphériques : dans ce cas, le danger est à peu près nul, car l'altération se reconnaît aisément à l'odorat, à la vue, au toucher, au goût. Mais il n'en est pas de même lorsque l'altération est le résultat de la fraude; ici l'analyse chimique est quelquefois indispensable, et il arrive même souvent qu'elle est insuffisante. Cependant, dans un grand nombre de cas, il est possible de reconnaître la falsification par des moyens très-simples que nous allons indiquer en classant les substances par ordre alphabétique.

Beurre. Le beurre, lorsqu'il a été mal lavé, contient une certaine quantité de caseum et de petit lait; dans ce cas il se corrompt aisément. On reconnaît que le beurre a été mal lavé, lorsqu'il se casse facilement, et que la cassure est granuleuse, poreuse et parsemée de petits points blancs. Si l'on s'aperçoit de ce défaut avant qu'il ait commencé à s'aigrir, il est facile d'y remédier en le pétrissant dans de l'eau fraîche, et en renouvelant plusieurs fois l'eau pendant cette opération.

Le bon beurre n'est pas parfaitement blanc, mais i n'est pas non plus d'une couleur jaune aussi intense que celle à laquelle on donne communément le nom de *couleur beurre frais;* il est onctueux, d'une saveur douce, et il a souvent un goût de noisette très-prononcé.

Le beurre peut cependant subir des falsifications très-graves, souvent même dangereuses sans cesser d'avoir un aspect et un goût agréables; c'est ce qui arrive lorsque la main exercée d'un falsificateur habile y mêle des pommes de terre cuites à la vapeur, des châtaignes bouillies, de la graisse de veau ou de mouton, de la craie, du talc, du sable. Toutes ces substances étant plus pesantes que l'eau qui est elle-même plus pesante que le beurre, il suffit souvent de mettre le beurre dans l'eau pour reconnaître la fraude; si, au lieu de surnager, il va au fond, on ne saurait douter qu'il contienne une substance étrangère, mais l'expérience n'est pas toujours décisive, car les substances étrangères peuvent ne pas être en assez grande quantité pour empêcher le beurre de surnager. Dans ce cas, la preuve de la falsification s'acquiert au moyen des deux expériences que voici :

Mettez 30 grammes de beurre dans un kilo d'eau bien clarifiée et filtrée, faites chauffer le tout au bain-marie, et le beurre étant parfaitement fondu, liquéfié, ôtez du bain-marie le vase qui contient eau et beurre, et le laissez refroidir. Le beurre, en se refroidissant, se figera à la surface de l'eau, tandis que les matières qu'on y aura frauduleusement incorporées tomberont au fond.

Mais cela n'est décisif que pour les substances d'une pesanteur spécifique beaucoup plus grande que celle du beurre, et ce dernier, alors qu'il arrive à la surface de l'eau et qu'il semble former un tout homogène, peut encore contenir de la graisse de bœuf, de veau, de mouton, etc. Prenez donc ce beurre figé à la surface de l'eau;

mettez-le dans un vase de verre et faites-le fondre à une chaleur de trente-six degrés centigrades, à ce degré le beurre se liquéfie complétement; mais il n'en est pas de même des graisses qu'il peut contenir, lesquelles restent solides à quarante-cinq degrés et au delà. Il est donc très-facile de séparer ces substances et de reconnaître la fraude.

Le beurre étant une des substances ou plutôt la substance élémentaire la plus importante en cuisine, nous recommandons spécialement cet article aux artistes culinaires de tout grade; car le beurre est à la cuisine française ce que le soleil est à la végétation.

Bière. On ne fait de bonne bière qu'en Belgique, en Allemagne et en Angleterre; en France, la fabrication de la bière est en quelque sorte annihilée par l'immense quantité de bons vins que produisent les excellents vignobles de la Bourgogne, de la Champagne, du Bordelais, etc. Et pourtant, en France même, on falsifie la bière, tant l'esprit de rapine est ardent. Ainsi, à Paris, certains brasseurs substituent le buis, qui ne coûte rien, au houblon qui se vend cher; ils déguisent l'acidité de leurs produits en y ajoutant de la potasse, de la craie, de la chaux. Ces sophistications se reconnaissent au goût, quand il est délicat et bien exercé; autrement il faut avoir recours à l'analyse chimique; mais, dans ce cas, ce serait beaucoup de bruit pour peu de chose : laissons aux gens du nord la bière et la lourde ivresse qu'elle procure : la bière n'est pas française.... hurra pour le vin!...

Café. Il y a café et café, comme fagots et fagots; le meilleur café est celui de moka; la seconde place appartient au café bourbon; puis viennent le martinique et le saint-domingue.

Chacune de ces espèces a son prix; l'une a plus d'arome, l'autre plus de force; toutes sont bonnes intrinsèquement. Mais aujourd'hui on n'achète guère, dans les ménages, de café en grain; on laisse à l'épicier le soin de la torréfaction, et on lui achète le café en poudre. Or, le café en poudre, à raison de cette désastreuse concurrence dont nous avons parlé, est toujours plus ou moins falsifié; on y mêle des glands doux, de l'orge, du blé de Turquie torréfiés; mais surtout, et dans des proportions incroyables, de la racine de chi-

corée sauvage torréfiée. Cette fraude, qui date aujour-
d'hui de quarante ans, ayant toujours été tolérée, a pris
des proportions colossales, au point que, chez certains
débitants, un kilo de café entraîne l'écoulement de trois
kilos de poudre de chicorée.

Voici un moyen bien simple de reconnaître ce genre
de falsification, qui est le plus ordinaire et en quelque
sorte le plus inévitable : après avoir trempé l'index dans
de l'eau pure, appuyez-le sur le prétendu café pulvérisé ; roulez entre le pouce et l'index ce qui se sera attaché à ce dernier : si le café est pur, ses grains, quelque
fins qu'ils soient, resteront distincts, tandis que la
poudre de chicorée, qui est beaucoup plus molle, se
coagulera et se formera en boulette.

Toutefois, le plus sûr moyen pour avoir de bon café,
est de le torréfier et de le moudre soi-même.

Cidre. On falsifie le cidre en y joignant du jus de
baies de sureau. Cette falsification, qui a pour but de
faire paraître le cidre plus fort, est en quelque sorte
innocente, puisqu'elle rend cette boisson plus agréable
sans porter atteinte à la santé. Il n'en est pas de même
de certaines matières qu'on emploie pour colorer le
cidre, telles que des fleurs de pavot ou de coquelicot qui
ont une propriété narcotique très-prononcée.

Le cidre, quand il contient une trop grande quantité
d'eau, devient promptement aigre ; alors les falsificateurs y mêlent de l'oxyde de plomb, appelé vulgairement litharge, ou de l'acétate de plomb, substances
essentiellement vénéneuses, ou bien encore de la craie,
de la chaux, des écailles d'huîtres calcinées. Les fraudes,
lorsque ces substances ont été employées en petite
quantité, sont difficiles à constater autrement que par
l'analyse chimique ; cependant voici un moyen simple
que nous avons souvent employé avec succès : qu'on
emplisse un verre de cidre et qu'on le laisse exposé à
l'air libre pendant six ou sept heures ; au bout de ce
temps, ce cidre, s'il est falsifié, aura perdu une grande
partie de sa force, sa couleur se sera altérée ; il aura
passé du jaune au brun et même au noir.

Chocolat. Il n'est pas de substance alimentaire qui
puisse subir un aussi grand nombre de falsifications que
le chocolat. On mêle dans le chocolat, et cela dans des
proportions incroyables, des farines de fèves, de len-

tilles, de la fécule de pommes de terre, de l'amidon, de
la cassonade impure, des jaunes d'œufs, du suif de veau
ou de mouton et la partie corticale du cacao. On y fait
entrer du cinabre, de l'oxyde rouge de mercure, du
minium, et des terres rouges ocreuses; souvent on substitue à la vanille du *storax calamite*, ou du *baume du
Pérou*, et comme il arrive fréquemment que ces substances sont elles-mêmes falsifiées, l'aromatisation se
réduit le plus ordinairement à une simple addition de
colophane.

La falsification par les farines de fèves, lentilles, etc.,
est assez facile à reconnaître; le chocolat, dans ce cas,
laisse dans la bouche un goût très-prononcé; dissous
dans de l'eau, il donne une odeur de farine très-sen-
sible, et lorsqu'on le laisse refroidir après l'avoir fait
bouillir, il forme une espèce de gelée.

Si le fabricant a enlevé aux amandes de cacao l'huile
qu'elles contiennent et qu'on nomme vulgairement
beurre de cacao, et qu'il y ait substitué de l'huile ordinaire ou de la graisse animale, le chocolat aura une
odeur de fromage suffisante pour reconnaître la fraude;
si cet indice ne suffisait pas, on pourrait faire dissoudre
un peu de ce chocolat dans de l'eau chaude et recueillir
la graisse qui viendrait à la surface, la laisser refroidir
et la goûter.

La plupart des autres falsifications qu'on peut faire
subir au chocolat ne sauraient être constatées que par
l'analyse chimique; aussi est-il très-important de n'a-
cheter cette substance que chez les fabricants bien fa-
més, dont les produits sont] connus depuis longtemps,
et qui ont un grand intérêt à conserver intacte la réputation qu'ils ont acquise.

Eau-de-vie. La seule bonne eau-de-vie est celle que
l'on extrait du vin; c'est aussi la plus exposée à toutes
sortes de falsifications: on y mêle souvent de l'eau-de-
vie de grains ou de pommes de terre, ou bien, après
l'avoir réduite avec de l'eau chargée de sel calcaire, on
lui donne de la force en y faisant infuser du poivre, du
poivre long, du gingembre, du stramonium, de l'ivraie,
du laurier-cerise, de l'alun. Plusieurs expériences sont
nécessaires pour reconnaître ces diverses fraudes; les
voici :

1° Prenez une certaine quantité d'eau-de-vie; faites-la

chauffer sans la faire bouillir, jusqu'à ce que la vapeur ne s'enflamme plus. Si c'est de l'eau-de-vie de vin pur et bonne, le résidu aura une légère acidité vineuse, une saveur très-légèrement âcre, une odeur douce, analogue à celle du vin cuit ; et si la liqueur, au contraire, était de l'eau-de-vie de grains ou de l'eau-de-vie falsifiée avec cette dernière ou avec de l'eau-de-vie de pommes de terre, le résidu aura une saveur empyreumatique, désagréable, analogue à celle de la farine brûlée, âcre et piquant le gosier.

2° Faites évaporer un peu d'eau-de-vie dans une capsule de porcelaine ; si elle a été falsifiée par le poivre, le poivre long, le gingembre, le stramonium, l'ivraie, à mesure que le liquide s'évapore, le résidu prendra une saveur d'autant plus âcre et plus forte que l'évaporation sera poussée plus loin, tandis que si l'eau-de-vie était naturelle, elle perdrait sa saveur spiritueuse et sa force par l'évaporation. Poussez l'évaporation jusqu'à siccité, et si l'eau-de-vie contient de l'alun, vous trouverez cette substance dans la capsule.

3° Mêlez dans un verre d'eau-de-vie un peu de potasse, de sulfate de fer et d'acide sulfurique ; si l'eau-de-vie contient du laurier-cerise, vous verrez, au bout de quelques instants, une certaine quantité de bleu de Prusse se précipiter au fond du verre.

Farine. On falsifie la farine en y mêlant du plâtre, de la craie, de la poussière d'albâtre ; pour reconnaître ces diverses falsifications, il suffit de faire chauffer une pelle jusqu'à ce qu'elle soit rouge, et de jeter un peu de farine dessus : la farine brûlera et formera un peu de charbon noir, tandis que les substances minérales, si elle en contient, resteront blanches.

Si l'on avait acheté de la farine qui eût été mélangée avec de la farine de vesce ou de haricots, et qu'on soupçonnât la fraude, il faudrait prendre une certaine quantité de cette farine, 100 grammes, par exemple, et 100 grammes de farine de froment, de la pureté et de la bonne qualité de laquelle on serait sûr ; on ferait, avec de l'eau deux pâtes séparées, et on les soumettrait ensuite, l'une après l'autre, à l'action d'un filet d'eau, en les pétrissant dans la main ; on verrait alors que la bonne farine donne à peu près un quart de son poids de gluten, tandis que la farine de froment, mêlée seulement avec un cinquième de son poids de farine de vesce, fournirait tout au plus un cinquième de son poids de gluten; mêlée dans la même proportion avec de la farine de haricots, elle n'en fournirait qu'un dixième.

Fromage. On falsifie le fromage, pour augmenter son volume et son poids, en mêlant avec des fécules, de la farine, et, le plus souvent, des pommes de terre bouillies et écrasées. Voici ce que dit, à ce sujet, M. Orfila, dans sa *Médecine légale :* « Dans le cas où le fromage contiendrait une ou plusieurs de ces substances, le moyen le plus facile de découvrir la fraude, serait d'en triturer une partie avec un peu d'eau et d'iode, qui donnerait au mélange une belle couleur bleue. Dans le cas où le fromage serait sans mélange, l'iode lui donnerait la couleur du tabac d'Espagne. »

Huiles. Les huiles d'olives sont les meilleures de toutes ; en général, on donne la préférence à celles d'Aix et de Nice. La plus pure est celle qu'on appelle huile *vierge ;* elle est d'une légère couleur jaune tirant sur le vert ; sa saveur est douce et agréable, son odeur à peine marquée. Un grand nombre de marchands, et particulièrement les petits débitants, qui sont si nombreux dans les grandes villes, falsifient l'huile d'olives en y mêlant des huiles de basse qualité, telles que l'huile de graine de pavots, appelée vulgairement huile d'œillette, les huiles de noix, de faînes, de navette. Voici les meilleurs moyens de reconnaître les fraudes : 1° les huiles de graines ne se congelant qu'à une température beaucoup plus basse que l'huile d'olives, on mettra une partie de l'huile dans une fiole de verre, et on la plongera dans de l'eau à la glace. Si elle est pure, elle se figera tout entière ; si elle est mélangée avec une huile de graines, une partie restera liquide, tandis que l'autre se figera. Si le mélange se composait de deux tiers d'huile d'olives et d'un tiers d'huile de pavot, il ne se figerait pas du tout.

On falsifie aussi l'huile d'olives en y mêlant de la graisse de volaille ; mais alors il suffit de l'odorat pour reconnaître la fraude.

Lait. On falsifie le lait en y mêlant de l'eau ; il offre alors une couleur bleuâtre, une saveur aqueuse fade. Si l'eau est en petite quantité, il est impossible de constater la fraude, attendu que dans le lait de différentes vaches, ou le lait d'une même vache pris à des jours différents, les proportions d'eau entrant dans la composition de ce liquide sont fort sujettes à varier.

La lait qu'on a étendu d'eau peut en outre être falsifié avec de la farine, pour augmenter sa consistance ; l'amidon est même employé de préférence à cet usage, quelquefois aussi le lait n'est qu'un mélange de lait, d'eau, d'amidon, de cervelles de mouton tamisées et de blancs d'œufs délayés dans de l'eau.

Le meilleur moyen de constater ces diverses fraudes est de faire bouillir le lait. Alors s'il contient des blancs d'œufs, ces derniers se coaguleront ; si on l'a falsifié avec de la farine ou de l'amidon, il épaissira ; s'il contient une grande quantité d'eau, il entrera en ébullition sans s'enlever et sortir du vase, comme cela arrive au lait pur.

Miel. Le miel de Narbonne, qui n'est en réalité que le miel récolté dans les Pyrénées, passe pour être le meilleur de France ; la vérité est qu'on peut en faire d'excellent à peu près dans tous les départements ; mais un grand nombre de marchands falsifient cette substance en y mêlant de la farine, de l'amidon, des pommes de terre bouillies, et même du sable.

Pour savoir à quoi s'en tenir, il suffit de mettre un peu de miel dans de l'esprit de vin (alcool pur) ; le miel se dissout dans ce liquide, et toutes les autres substances s'en séparent.

Pain. L'altération ou la falsification des farines entraîne nécessairement celle du pain. Si les farines ont été avariées, si elles ont été attaquées par des insectes, le pain contiendra moins de matière glutineuse et sera plus mat. Si les farines contenaient du plâtre, de la craie, de la potasse, du sable fin, toutes ces substances se trouveront dans le pain, et il suffira, pour les trouver, de faire bouillir de la mie de ce pain dans de l'eau.

Poivre. On falsifie le poivre en grains de deux manières : d'abord en y mêlant des grains factices qui ne sont autre chose qu'une pâte composée de farine de seigle, de farine de moutarde, et de piment de Provence pulvérisé ; ensuite en donnant au poivre noir l'aspect du poivre blanc, qui se vend beaucoup plus cher, ce

qui s'opère en passant le poivre noir en grains dans une
bassine suspendue sur un feu ardent, et contenant un
mélange d'amidon et de blanc de céruse. Dans l'un et
l'autre cas, il suffit de mettre dans de l'eau quelques
grains de poivre suspect pour découvrir la vérité : les
grains composés de diverses farines se dissolvent ; ceux
qui ont été blanchis reprennent leur couleur naturelle.

La falsification du poivre en poudre est bien plus
facile, et par conséquent plus fréquente : on y mêle,
après l'avoir pulvérisée, une racine appelée vulgairement *épice d'Auvergne,* de la farine de lentille, de la
farine de moutarde noire, du tourteau de semences de
chenevis réduites en poudre. Dans ces divers cas, la
fraude est fort difficile à constater, le plus sûr est donc
d'acheter le poivre en grains, après lui avoir fait subir
l'épreuve indiquée plus haut, et de le moudre soi-
même.

Sel. Le sel marin ou sel de cuisine est souvent falsifié
par les débitants qui y mêlent de la terre, du plâtre, du
sulfate de soude, du sel de warech. Exposé à un air
très-sec, une partie du sel ainsi mélangé s'effleurit ; si
on le fait dissoudre dans de l'eau et qu'on fasse bouillir
cette eau jusqu'à siccité, il se formera, au fond du vase,
des cristaux de formes différentes ; si le sel marin est
pur, tous les cristaux seront de même forme.

Sucre. On falsifie le sucre en y mêlant, un peu avant
la cristallisation, de la craie, du plâtre, du sable blanc
et fin. Dans ces différents cas, il suffit de faire dissoudre
le sucre dans de l'eau pure, pour en séparer les autres
substances qui, étant insolubles, tombent au fond du
vase. On mêle aussi au sucre du sucre de lait ; la pré-
sence de ce corps se reconnaît en faisant dissoudre dans
de l'alcool un morceau du sucre ainsi falsifié ; le sucre
proprement dit se dissout facilement ; mais le sucre de
lait qu'il contient reste intact. On est aussi parvenu à
faire entrer dans le sucre, et en grande proportion, de
la fécule de pommes de terre ; mais, dans ce cas, il suffit
d'un œil exercé pour reconnaître la fraude : le sucre
ainsi falsifié a un aspect mat, farineux, et il se dissout
moins facilement.

Thé. On falsifie le thé de tant de manières différentes
qu'il faudrait une longue et persistante étude pour dé-

couvrir tous les genres de fraudes auxquelles cette substance est exposée. Le thé, comme on sait, nous vient
de la Chine; or, les Chinois sont des falsificateurs émé-
rites, qui mêlent au thé qu'ils nous vendent toutes
sortes d'herbes plus ou moins aromatiques et de feuilles
d'arbrisseaux. C'est en cet état que nous arrive le thé, à
moins qu'il n'ait été acheté par un négociant irréprochable, et parfaitement expérimenté en cette matière, et
le pire de l'affaire, c'est qu'il n'y a aucun moyen infail-
lible pour constater cette falsification. Arrivé en Eu-
rope, le thé subit une foule de manipulations incroyables; on le teint en vert, en noir, au moyen de substances
corrosives; on fait sécher les feuilles de thé qui ont déjà
servi et on les mêle à du thé pur. Le mieux est de bien
choisir son vendeur et de n'acheter jamais de thé chez
les débitants d'épiceries.

Vin. Tous les vins, et surtout ceux qui sont destinés
au commerce de détail, sont très-sujets à être falsifiés.
Les chimistes se sont beaucoup occupés des moyens de
reconnaître ces fraudes; mais, jusqu'à présent, les ré-
sultats de leurs recherches sont peu certains, excepté
dans le cas où l'on aurait ajouté au vin des préparations
de plomb. Cette fraude criminelle se démontre authen-
tiquement par l'action des sulfures sur le vin, et par la
réduction de l'oxyde en plomb. Mais ces expériences se
font ordinairement par les chimistes devant les magis-
trats; et l'autorité, qui veille au commerce des vins est
parvenue à empêcher les conséquences de ce mélange, en
prévenant les détaillants du danger que présente l'usage
du plomb et de toutes ses préparations.

Les vins rouges se falsifient en y mêlant du cidre ou
du poiré; on y ajoute des bois d'Inde, de Campêche et
de Fernambouc, pour donner de la couleur; souvent on
ajoute un peu de betteraves, de mélasse ou de levure
de bière pour hâter la fermentation; on y ajoute en
outre du tartre ou de la lie de vin rouge. Lorsque ces
mélanges sont habilement faits, qu'on n'a pas employé
des doses trop considérables de ces substances, et que le
mélange a bien fermenté, il est très-difficile de les reconnaître par des procédés chimiques; mais un dégus-
tateur exercé, sans pouvoir préciser toujours les corps
employés à la fabrication de ces vins, pourra prononcer
qu'ils ne sont pas naturels. Les bois de Campêche et de
Fernambouc surtout se reconnaissent par leur goût as-

tringent : ces vins mêlés avec de l'eau ne désaltèrent point.

Les vins blancs sont ordinairement falsifiés par leur mélange avec le poiré. Cette fraude, que l'on ne reconnaît pas toujours au goût, peut se découvrir en faisant évaporer le vin à une douce chaleur; s'il y a du poiré, on aura une espèce de sirop de poires, tandis que, si le vin est pur, le résidu, au lieu d'être sucré, sera très-acide.

Les vins sucrés, dits vins de liqueur, sont très-sujets à être falsifiés ou composés; pour cela on fait des mélanges de bons vins ordinaires auxquels on ajoute du sucre, de l'eau-de-vie et quelques aromates pour leur donner le bouquet. Lorsque ces mélanges sont anciens, il est quelquefois difficile de les reconnaître; cependant la plupart de ces vins factices se reconnaissent par l'épreuve suivante : on remplit une soucoupe de ce vin, et on la laisse exposée à l'air libre pendant vingt-quatre heures. Si c'est un vin falsifié, il perd sa force et devient plat; si au contraire le vin est naturel, il se conserve bon et perd fort peu de sa force.

Vinaigre. Les vinaigres du commerce sont souvent falsifiés : on mêle avec le vin qu'on veut convertir en vinaigre de la bière, du cidre, du poiré, de l'hydromel; et, pour masquer la faiblesse de ces vinaigres, on y fait infuser du piment, quelquefois un peu de gingembre, du poivre, des épices d'Auvergne, de la moutarde, du raifort, etc., et un peu d'eau-de-vie pour qu'il puisse se conserver. Ces vinaigres frelatés se reconnaissent parce qu'ils ont une saveur âcre, amère et mordicante, surtout après qu'on les a réduits en les faisant évaporer sur le feu. Quelques vinaigriers enfin ajoutent à leur vinaigre un peu d'acide sulfurique : cette dernière fraude se reconnaît aisément en ce que ce vinaigre agace fortement les dents, et, si on la soupçonnait, on pourrait la faire constater par un chimiste, et porter plainte contre le falsificateur; ce serait un véritable service rendu à la société.

RECETTES ET PRESCRIPTIONS

DE LA CUISINE, DE LA PATISSERIE

ET DE L'OFFICE,

Par ordre alphabétique.

ABATIS DE DINDON. *Entrée.* Après avoir fait revenir les abatis dans du beurre, saupoudrez-les avec un peu de farine : faites-leur faire un tour sur le feu, jusqu'à ce que la farine commence à se colorer, et mouillez avec du bouillon. Ajoutez des navets, que vous aurez fait revenir à part; poivre, sel, bouquet garni, et faites cuire le tout à petit feu, pendant deux heures et demie.

Les abatis de dindon peuvent aussi se mettre en fricassée de poulet et se servir sur des purées. (*V.* POULET.)

ABRICOTS (Beignets d'). (*V.* BEIGNETS.)

ABRICOTS CONFITS A L'EAU-DE-VIE. *Office.* Cueillez des abricots un peu avant qu'ils aient atteint leur complète maturité ; essuyez-les légèrement avec un linge fin ; jetez-les dans de l'eau bouillante et les en retirez presque aussitôt; passez-les dans du sirop de sucre bouillant et bien clarifié ; retirez la bassine du feu au bout de quelques minutes, et attendez que son contenu ne soit plus que tiède. Alors vous prendrez les abricots délicatement, un à un ; vous les arrangerez dans un bocal. Vous ferez ensuite bouillir de nouveau le sirop auquel vous aurez ajouté de la coriandre, de la cannelle, des clous de girofle, et vous verserez le sirop bouillant sur les abricots ; après quoi, vous remplirez le bocal avec de bonne eau-de-vie, et vous le boucherez hermétiquement.

ABRICOTS (Marmelade d'). (*V.* MARMELADE.)

AGNEAU (Côtelettes d') A LA PARMESANE. *Entrée.* Les côtelettes d'agneau étant bien parées, trempez-les dans du beurre fondu et panez-les avec de la mie de pain émiettée mêlée de fromage de parmesan râpé ; trempez-les ensuite dans des œufs battus jaunes et blancs ensemble, et panez-les de nouveau comme la première fois. Faites-les griller sur un feu doux et dressez-les sur une sauce tomate.

AGNEAU (Épigramme d'). *Entrée.* Ce mets se prépare avec un quartier de devant d'agneau ; on en sépare l'épaule, que l'on fait rôtir à la broche, tandis qu'on fait cuire la poitrine dans une bonne braise (*V.* BRAISE), et que l'on fait sauter les côtelettes au beurre. Cela terminé, taillez l'épaule rôtie en émincé, et faites-en une blanquette ; en même temps, faites frire la poitrine braisée, après l'avoir coupée en morceaux et panée deux fois, au beurre et aux œufs. Le tout ainsi préparé, vous dressez les côtelettes et les morceaux de poitrine en les entremêlant, et vous verserez la blanquette au milieu.

AGNEAU (Filets d') A LA BÉCHAMEL. *Entrée.* Coupez un gigot d'agneau rôti par petits morceaux bien minces ; jetez-les dans une sauce Béchamel bien chaude (*V.* SAUCE), et servez après quelques instants.

AGNEAU (Galantine d') RELEVÉ. (*V.* GALANTINE.)

AGNEAU PASCAL. *Rôt.* Bridez et ficelez un agneau entier ; faites-le rôtir en l'attachant sur la broche, couvert de papier beurré. Otez le papier après une heure et demie de cuisson, afin que la chair prenne couleur, et servez ensuite.

AGNEAU (Quartier d'). *Rôt.* Piquez de menu lard et panez un quartier d'agneau ; enveloppez-le de papier beurré et mettez-le à la broche. Lorsqu'il sera à moitié cuit, vous l'ôterez du feu et le panerez de nouveau, en ajoutant à la mie de pain du sel et du persil haché ; puis, vous le remettrez à la broche pour achever de le faire cuire. Le quartier d'agneau étant cuit à point, dressez-le sur une maître-d'hôtel ou sur une sauce piquante.

AGNEAU (Quartier d') A LA POULETTE. *Entrée.* Après avoir fait blanchir un quartier d'agneau, mettez-le dans une casserole avec un morceau de beurre et un peu de farine. Le beurre étant fondu, et la farine s'y étant mêlée, vous mouillerez avec de l'eau bouillante, en remuant le contenu de la casserole ; puis, vous ajouterez, sel, poivre, bouquet garni, petits oignons, champignons, et vous laisserez cuire pendant deux heures. Avant de servir, liez la sauce avec un jaune d'œuf.

AGNEAU (Tête d'). *Entrée.* (*V.* VEAU—Tête de.) La tête d'agneau et la tête de veau se font cuire de la même manière et se mettent aux mêmes sauces.

AILERONS. (*V.* DINDON—Ailerons de.)

ALBRAN. (*V.* CANARD SAUVAGE.)

ALOSE AU BLEU. *Rôt.* Faites cuire une alose au bleu (*V.* BLEU), et servez-la avec une magnonnaise (*V.* SAUCES) dans une saucière, ou simplement pour être mangée à l'huile.

ALOSE A LA SAUCE BLONDE. *Entrée.* Après avoir vidé et écaillé une alose, vous la ferez mariner pendant deux heures dans l'huile, avec du persil et des ciboules coupés menu, sel, poivre, thym et laurier. Mettez l'alose, ainsi préparée, sur le gril, et arrosez-la de temps en temps avec un peu de marinade. Dressez-la sur une sauce blonde. (*V.* SAUCES.)

ALOSE A L'OSEILLE. *Entrée.* Faites mariner et griller l'alose comme il est dit à l'article précédent, et dressez-la sur une farce d'oseille. (*V.* OSEILLE.)

Nta. L'alose grillée peut aussi se dresser sur une *maître-d'hôtel* ou sur du *beurre d'anchois* (*V.* ces mots).

ALOUETTES. (*V.* MAUVIETTES.)

ALOYAU (*V.* BOEUF.)

AMANDES (Gâteau d'). *Office.* Quelle que soit la dimension du gâteau d'amandes, il se compose d'un même poids d'œufs, de beurre, de farine, de sucre en poudre et d'amandes douces. Après avoir jeté les amandes dans de l'eau bouillante et les avoir pelées, on les pile dans un mortier ; puis, on met dans le mortier la farine, les œufs, le beurre, le sucre, et on pile le tout jusqu'à ce qu'on ait obtenu une pâte bien unie. Alors on bourre le

6.

fond d'une tourtière, dans laquelle on verse la pâte; on pose la tourtière sur un feu doux, et on la recouvre avec le four de campagne.

ANCHOIS. *Hors-d'œuvre.* Les anchois se mangent d'ordinaire à l'huile, on les lave dans de l'eau, puis dans du vinaigre; on en ôte la principale arête, et on les coupe en filets très-minces, qu'on dispose en quadrilles ou en losanges sur une assiette, avec des jaunes et des blancs d'œufs durs, des câpres, du cerfeuil haché, puis on arrose le tout d'huile d'olives. On les mange aussi lavés et coupés en filets, entre deux tartines enduites d'excellent beurre frais. On en fait aussi des canapés. Pour cela, on coupe des tartines de pain minces, de 20 centimètres de long sur dix de large; on fait frire ce pain dans d'excellente huile; d'autre part, on fait une sauce composée d'huile, de vinaigre, câpres, ciboules, échalotes hachées très-menu, un peu de gros poivre. Le tout étant bien battu, on fonce avec cette sauce les tranches de pain frites; on étend par dessus les anchois coupés par filets, et l'on arrose le tout d'huile vierge. Ces canapés sont un manger délicieux.

Les anchois entrent aussi dans la préparation de plusieurs sauces. (*V.* SAUCES; beurre d'anchois.)

ANDOUILLE. — ANDOUILLETTE. *Hors-d'œuvre.* En cuisine, on ne fait point les andouilles; on les achète toutes faites chez le charcutier. Les plus estimées sont celles dites *de Troyes.* On les cisèle et on les fait griller sur un feu doux. Si pourtant on voulait faire les andouilles soi-même, voici la manière d'opérer : après avoir lavé, gratté, échaudé des boyaux de porc, on garde les plus charnus entiers pour servir d'enveloppes, et l'on coupe les autres en filets de 30 centimètres de long; on coupe du lard de la même manière, et l'on fait mariner le tout dans de l'huile avec sel, poivre, persil, ciboule, échalotes hachées, thym, laurier. Cela fait, avec une aiguille à brider et de la ficelle, on enfile successivement par l'extrémité deux morceaux de boyau et un de lard jusqu'à ce qu'il y en ait assez pour remplir le boyau conservé entier. On introduit ensuite, à l'aide de l'aiguille et de la ficelle, les boyaux et le lard enfilé dans le boyau entier et l'on noue les deux bouts de ce dernier avec de la ficelle. On fait cuire ensuite ces andouilles dans un mélange d'eau et de lait assaisonné de carottes, oignons, bouquet garni, sel, poivre, thym, laurier. Après quatre heures de cuisson on laisse refroidir le tout, et l'on réduit ensuite les andouilles pour les faire égoutter. On peut, dès lors, les faire griller comme il est dit ci-dessus.

On peut faire des andouilles de volaille en employant de la chair de poulet et de la fraise de veau au lieu de boyaux de cochon, et des andouilles de gibier en substituant de la chair de lièvre ou de perdrix à la chair de poulet.

ANGÉLIQUE CONFITE. *Office.* Il faut couper les tiges d'angélique avant la floraison et les séparer en morceaux de 20 centimètres de long. Jetez ces morceaux dans de l'eau fraîche, puis dans de l'eau bouillante, que vous retirez du feu aussitôt. Lorsque l'eau est presque froide, on en retire l'angélique, on la débarrasse des filandres et de la peau de dessous, puis on la fait bouillir dans de l'eau jusqu'à ce qu'elle fléchisse sous les doigts. Faites un sirop cuit à la plume (*V.* SIROP), versez-le sur les morceaux d'angélique bien égouttées, laissez le tout refroidir, puis faites recuire le sirop à un degré plus élevé que la première fois; versez-le de nouveau sur l'angélique et laissez le tout en cet état pendant deux jours. Ce temps écoulé, on retire les morceaux d'angélique du sirop et on les fait sécher sur des claies, à une température de dix-huit à vingt degrés. Ils sont alors parfaitement glacés. Dans le commerce, on substitue fréquemment le céleri à l'angélique qui est plus rare et plus chère. Cette fraude est facile à reconnaître pour tout palais exercé.

ANGÉLIQUE (Crème d'). *Office.* Coupez un demi-kilo d'angélique avant la floraison. Après l'avoir épluchée et coupée par petits morceaux, mettez-la dans deux litres d'eau, six litres d'eau-de-vie, deux kilos de sucre, un peu de cannelle et quelques clous de girofle. Laissez-le tout infuser pendant six semaines, puis vous filtrerez cette crème au papier gris et vous la mettrez en bouteilles.

ANGUILLE A LA BROCHE. *Rôt.* Dépouillez, lavez, videz une anguille très-grosse, coupez-la par tronçon, et faites-la mariner dans de l'huile, avec persil, ciboules sel, épices. Enfilez ensuite les tronçons sur des brochettes en bois, attachez-les sur la broche, et faites-les rôtir en les arrosant de temps en temps avec la marinade. Servez avec une sauce poivrade à part.

ANGUILLE FRITE. *Rôt.* L'anguille étant coupée par tronçons, comme il est dit à l'article précédent, on la fait cuire dans de l'eau et du vin blanc (autant de l'un que de l'autre), avec des carottes et des oignons coupés par tranches, bouquet garni, sel, épices, thym, laurier. L'anguille étant cuite, faites-la égoutter et panez-la en la trempant successivement dans du beurre fondu mêlé d'un peu de farine et du fond de cuisson, et dans de la mie de pain, puis dans des œufs battus et encore dans la mie de pain. Faites frire l'anguille ainsi préparée et servez-la à sec ou sur une sauce tomate.

ANGUILLE GRILLÉE. *Entrée.* L'anguille étant cuite comme il est dit au commencement de l'article précédent, et panée de la même manière, on la fait griller et on la dresse sur une sauce piquante.

ANGUILLE EN MATELOTE. (*V.* MATELOTE.)

ANGUILLE PIQUÉE. *Entrée.* Piquez une grosse anguille avec du lard fin ; faites-la cuire comme il est dit à l'article *Anguille frite*, et dressez-la sur une farce d'oseille ou une sauce tomate.

ANGUILLE A LA POULETTE. *Entrée.* L'anguille dépouillée, vidée, lavée, coupée par tronçons, jetez-la dans de l'eau bouillante mêlée d'un peu de vinaigre, et l'en retirez huit ou dix minutes après. Pétrissez un peu de farine avec du beurre, faites fondre dans une casserole, mouillez avec moitié eau, moitié vin blanc : ajoutez des champignons, un bouquet garni, sel et poivre. Après trois quarts d'heure de cuisson liez le ragoût avec des jaunes d'œufs. (*V.* LIAISONS.)

ANGUILLE A LA TARTARE. *Entrée.* L'anguille étant cuite et grillée comme il est dit à l'article *Anguilles grillées*, dressez-là sur une sauce tartare. (*V.* SAUCES.)

ARTICHAUTS. *Entremets.* Les petits artichauts se mangent crus, à la poivrade ; les gros se font cuire dans de l'eau salée, après qu'on en a coupé l'extrémité des feuilles. Lorsqu'ils sont cuits, on en ôte le foin et on les sert avec une sauce blanche à part (*V.* SAUCES), ou pour être mangés à l'huile.

ARTICHAUTS A LA BARIGOULE. *Entremets.* Faites cuire les artichauts dans du bouillon jusqu'à ce qu'on puisse en enlever le foin. Otez les feuilles du milieu, qu'on

appelle le clocher, égouttez. Remplissez ensuite les
artichauts avec une farce de champignons, persil,
échalotes, sel, poivre, beurre et huile, pilés ensemble.
Dressez les artichauts sur une tourtière beurrée, ajoutez un peu de bouillon et de vin blanc, mettez la tourtière sur un feu doux, couvrez-la avec le four de campagne. Lorsque les artichauts auront pris couleur vous
les arroserez avec une sauce faite de la même manière
que la farce, mais plus claire.

ARTICHAUTS FARCIS. *Entremets.* Ils se préparent
comme les artichauts à la barigoule, seulement on les
farcit avec une farce de viande et on les arrose d'un peu
d'huile et de jus de citron.

ARTICHAUTS FRITS. *Entremets.* Coupez des artichauts
crus par quartiers minces, trempez-les dans une pâte légère (*V.* PATE), faites-les-frire et servez-les lorsqu'ils seront de belle couleur.

ASPERGES. *Entremets.* Ratissez, lavez des asperges,
liez-les par petits botillons, que vous déferez pour les
servir; faites-les cuire en les jetant dans l'eau bouillante
bien salée et servez-les croquantes avec une sauce blanche à part, ou pour être mangées à l'huile.

ASPERGES A LA PARMESANE. *Entremets.* Faites cuire les
asperges comme il est dit à l'article précédent; coupez-
en toute la partie tendre, dressez-les sur un plat en faisant successivement un lit de beurre et de fromage de
parmesan râpé et un lit d'asperges. On finit par un lit
de beurre et de fromage, puis on place le plat sur un
feu doux, on le couvre avec le four de campagne et on
sert lorsque le tout a pris belle couleur.

ASPERGES EN PETITS POIS. *Entremets.* Cassez par petits morceaux la partie tendre des asperges vertes et
faites-les cuire comme des petits pois. (*V.* POIS.)

ASPICS. (*V.* SAUCES.)

AUBERGINES FARCIES. *Entremets.* Ouvrez les aubergines et retirez-en toute la chair. Jetez du sel à l'intérieur,
pour en faire sortir l'eau; emplissez d'une farce grasse
ou maigre (*V.* FARCE) et opérez, du reste, comme pour
les artichauds à la barigoule. (*V.* ARTICHAUTS.)

AUBERGINES GRILLÉES. *Entremets.* Après avoir vidé
les aubergines comme il est dit à l'article précédent, on

les fait mariner dans de l'huile, du sel et des épices, et on les fait griller en les arrosant avec la marinade.

BABA. *Entremets.* Après avoir fait une sorte de bassin avec un litre de farine de première qualité, jetez dedans quatre œufs, jaunes et blancs, cent vingt-cinq grammes de beurre, cent vingt-cinq grammes de raisin de Corinthe, gros comme le pouce de levure et quinze grammes de sel. Pétrissez le tout avez de l'eau tiède, de manière à ce que la pâte soit fine, lisse et molle. Beurrez l'intérieur d'un moule, emplissez-le avec cette pâte et laissez le tout reposer. Lorsque la pâte commencera à gonfler, vous mettrez le moule au four doux et vous l'en retirerez au bout d'une heure trois quarts, et un peu plus tôt si, la chaleur étant plus vive, il avait pris couleur plus promptement.

BAR. *Entrée.* Le bar est un poisson de mer qui remonte dans les fleuves comme le saumon. Lorsque les bars sont petits on les cisèle; on les fait griller et on les dresse sur une maître-d'hôtel. (*V.* SAUCES.) Si le bar est gros, on le traite comme le turbot. (*V.* TURBOT.)

BARBEAU et **BARBILLON.** Ces deux noms se donnent au même poisson. Petit, il est *barbillon;* gros, il est *barbeau.* Ce poisson, gros ou petit, se traite, en cuisine, absolument comme la carpe. (*V.* CARPE.)

BARBET-BARBARIN. (*V.* ROUGET.) Le barbet ou barbarin se traite de la même manière.

BARBUE. (*V.* TURBOT.)

BARTAVELLE. (*V.* PERDRIX ROUGE.)

BAVAROISE AU CHOCOLAT. *Office.* Mettez dans une carafe à bavaroise du sirop de sucre jusqu'à hauteur du sixième de sa capacité, ajoutez-y deux fois autant de crème et remplissez la carafe avec de bon chocolat à la vanille, dissous et bouilli dans de la crème; mêlez bien le tout en le transvasant, faites chauffer au bain-marie et servez dans la carafe.

BAVAROISE AU LAIT. *Office.* Versez du sirop de sucre, ou mieux du sirop de capillaire, dans une carafe à bavaroise jusqu'à hauteur du cinquième de sa capacité, ajoutez-y un peu d'eau de fleurs d'oranger, remplissez la carafe avec du lait bouillant et mêlez bien le tout. Servez sur-le-champ.

BAVAROISE A L'EAU. *Office.* Mettez dans une carafe le cinquième de sa contenance de sirop de capillaire, un peu d'eau de fleur d'oranger; remplissez la carafe avec une légère décoction de thé, faites chauffer au bain-marie et servez.

BÉCASSES A LA BROCHE. *Rôt.* Les bécasses que l'on fait rôtir ne se vident pas. On les trousse en passant à travers de leurs cuisses leur long bec, bardez-les de lard mince et embrochez-les avec une brochette de bois, pour les attacher ensuite sur la broche. En les mettant au feu on fait autant de rôties de pain très-minces qu'on a de bécasses et l'on place ces rôties sous les oiseaux, afin qu'elles soient arrosées de la substance que la cuisson fait sortir de leurs corps. Lorsque les rôties de pain commencent à en être imprégnées on débroche les bécasses, on les dresse sur ces mêmes rôties et l'on sert sur-le-champ.

BÉCASSES FARCIES. *Entrée.* Videz les bécasses et mettez tout ce qu'elles ont dans le corps, à l'exception du gésier, dans un mortier, avec des jaunes d'œufs crus, du lard, poivre, sel, persil, ciboule. Pilez le tout jusqu'à ce que cela forme une farce bien unie, et remplissez avec cette farce le corps de chaque bécasse, puis vous les trousserez comme il est dit à l'article précédent et vous les rangerez dans une casserole foncée avec des tranches de lard. Recouvrez-les avec d'autres tranches de lard et mettez la casserole sur le feu. Quand le tout commencera à chauffer (c'est ce qu'on appelle *faire suer*) vous mouillerez avec moitié consommé et moitié vin blanc; couvrez ensuite la casserole et faites cuire sur un feu modéré. Dès que les bécasses sont cuites on les ôte de la casserole; on dégraisse le fond de cuisson, on le passe au tamis et on le fait réduire, afin qu'il ait plus de consistance; on y ajoute un peu de jus de citron et on le verse sur un plat. Dressez les bécasses sur ce fond, glacez-les légèrement avec de la bonne glace de viande et servez sur-le-champ.

BÉCASSES EN SALMIS. (*V.* SALMIS.)

BECFIGUES. Les becfigues se traitent de la même manière que les ortolans. (*V.* ORTOLANS.)

BÉCHAMEL. (*V.* SAUCES.)

BEIGNETS D'ABRICOTS. *Entremets.* Ils se font de la même manière que les beignets de pommes. (*V.* plus bas).

BEIGNETS DE BOUILLIE. (*V.* CRÈME FRITE.)

BEIGNETS DE CÉLERI. *Entremets.* Epluchez, lavez et parez des pieds de céleri, et faites-les cuire dans du consommé ou dans une braise. (*V.* BRAISE.) Après les avoir fait égoutter on les arrose d'eau-de-vie, on les saupoudre de sucre, on les trempe dans de la pâte (*V.* PATE A FRIRE) et on les fait frire. Dressez-les dès qu'ils seront de belle couleur, semez dessus un peu de sucre en poudre et couvrez le plat avec un four de campagne bien chaud, afin de les glacer.

BEIGNETS DE CERISES. *Entremets.* Enlevez les noyaux d'un certain nombre de belles cerises, faites cuire ces cerises dans du sirop de sucre et jetez-les toutes chaudes dans de l'eau-de-vie; au bout de quelques instants faites-les égoutter, trempez-les dans la pâte (*V.* PATE A FRIRE) et faites-les frire. Servez-les de belle couleur et saupoudrez de sucre.

BEIGNETS DE FRAISES ET DE FRAMBOISES. *Entremets.* Les fraises et les framboises dont on veut faire des beignets doivent être fort grosses et d'une maturité parfaite sans être trop avancée. On les laisse entières et l'on opère, du reste, comme pour les beignets de pommes. (*V.* BEIGNETS DE POMMES.)

BEIGNETS AU FROMAGE. *Entremets.* Mettez dans du lait une égale quantité de beurre frais et de fromage de Gruyère, faites chauffer le tout jusqu'à ce que beurre et fromage soient bien fondus et faites de cela une pâte en y ajoutant des œufs et la quantité de farine nécessaire pour que cette pâte ait une consistance suffisante. Découpez ensuite cette pâte par rondelles que vous ferez frire et saupoudrez de sucre.

BEIGNETS DE PÊCHES. *Entremets.* *V.* BEIGNETS DE POMMES, et opérez comme il est dit à cet article.

BEIGNETS DE POMMES. *Entremets.* Pelez des pommes de reinette bien saines; enlevez-en les pepins à l'aide d'un emporte-pièce en fer-blanc qu'on appelle *vide-pomme*; coupez ensuite les pommes par tranches, mettez ces tranches dans de l'eau-de-vie avec du sucre, du zeste de citron, et faites chauffer le tout pendant quelques minutes. Faites ensuite égoutter les pommes, trempez-les dans de la pâte à frire (*V.* ce mot), et faites-les frire dans une friture bien chaude et bien pure. Avant de les servir, il faut les faire égoutter et les couvrir de sucre en poudre.

BEIGNETS DE POMMES DE TERRE. *Entremets.* Mettez dans un mortier des pommes de terre cuites sous la cendre, au four ou à la vapeur, et, bien épluchées, avec du beurre, de la crème, des œufs crus, un peu de sel et d'eau-de-vie, et pilez le tout jusqu'à ce que cela forme une pâte bien unie. Faites des boulettes avec cette pâte; saupoudrez-les de farine et faites-les frire. Lorsqu'ils sont de belle couleur, on les fait égoutter, et on les couvre de sucre en poudre.

BEIGNETS DE RIZ. *Entremets.* Faites un gâteau de riz (*V.* ce mot), laissez-le refroidir; coupez-le par morceaux épais et larges comme des pièces de cinq francs; trempez ces morceaux dans une bonne pâte (*V.* PATE A FRIRE), faites-les frire, et servez-les de belle couleur et saupoudrés de sucre en poudre.

BEURRE FONDU. (*V.* CONSERVATION DES SUBSTANCES ALIMENTAIRES.)

BEURRE FRISÉ. *Hors-d'œuvre.* Attachez deux coins d'une serviette à un crampon de fer, mettez dans cette serviette d'excellent beurre frais, réunissez les deux autres coins de la serviette, et tordez-la fortement au-dessus d'un vase plein d'eau fraîche. Le beurre passera au travers de la serviette et tombera en petits filets qui, réunis, auront un aspect très-agréable.

BEURRE NOIR. (*V.* SAUCES.)

BEURRE D'ANCHOIS. Pilez une douzaine d'anchois, passez-les au tamis, et pétrissez-les avec un poids égal de beurre.

BEURRE D'ÉCREVISSES. Pilez des écrevisses, pétrissez-les avec du beurre; faite fondre cette préparation au bain-marie et passez-la dans un linge en la pressant fortement.

7.

BETTERAVES. *Entremets.* Les betteraves, qooi qu'on en veuille faire, doivent être cuites préalablement à l'eau, à la vapeur ou au four (cette dernière méthode est la meilleure). La betterave ainsi cuite, on la fricasse en la coupant en rondelles bien minces, et la faisant sauter dans une casserole avec beurre, ciboules et persil hachés, un peu d'ail, sel et poivre. En les faisant sauter, on les saupoudre avec un peu de farine, et un instant avant de les ôter du feu, on y ajoute quelques gouttes de vinaigre.

BEURRE DE NOISETTES. *Hors-d'œuvre.* Pilez des noisettes dans un mortier et pétrissez la pâte qui en résultera, en y ajoutant des fines herbes hachées très-menu.

BEURRE SALÉ. (*V.* CONSERVATION DES SUBSTANCES ALIMENTAIRES.)

BICHOFF. *Office.* Mettez, dans une bouteille de vin blanc, le zeste d'une moitié de citron et d'une moitié d'orange ; ajoutez deux hectos de sucre et faites chauffer le tout sur un feu doux. Le bichoff se fait aussi à froid.

BEAFSTECKS. *Entrée.* (*V.* BŒUF — Beafstecks de.)

BISCUITS A LA CUILLÈRE ET EN CAISSE. *Dessert.* Cassez une douzaine d'œufs et séparez les blancs d'avec les jaunes. Joignez aux jaunes d'œufs un demi-kilo de sucre en poudre, deux hectos de farine, autant de fécule de pommes de terre, un peu d'essence de citron et une forte pincée de fleur d'oranger, pralinée et broyée. Battez fortement ce mélange. Battez d'autre part les blancs d'œufs, jusqu'à ce qu'ils forment une neige bien consistante ; puis, sans cesser de les battre, versez dessus la première préparation dont nous avons parlé. Le tout étant bien mélangé, on verse cette préparation dans des caisses de papier, si l'on veut faire des biscuits en caisse, ou on la divise par petites portions sur des feuilles de papier blanc, s'il s'agit de biscuits à la cuillère ; on saupoudre le tout avec du sucre pilé et passé à un tamis très-fin, puis caisses ou feuilles de papier sont mis au four à une chaleur très-douce. On les en retire lorsque les biscuits sont d'une belle couleur et bien glacés.

BISCUITS DE RHEIMS. *Dessert.* Les biscuits de Rheims se fabriquent comme les biscuits en caisse (*V.* l'article précédent). Seulement, la dose de farine doit être un peu plus forte, et au lieu de verser la préparation dans des caisses de papier, on la met dans des moules beurrés.

BISCUITS DE SAVOIE. *Dessert.* La préparation étant faite comme pour les biscuits en caisse (*V.* cet article), on la verse dans un grand moule beurré, en ayant soin de ne l'emplir qu'à moitié, et l'on met ce moule au four doux. A défaut de four, on peut poser le moule sur un feu doux, et le couvrir avec un four de campagne. Il est important aussi, quand on a beurré le moule, de semer sur ce beurre du sucre en poudre, afin que le biscuit soit bien glacé.

BISQUE D'ÉCREVISSES. (*V.* POTAGE D'ÉCREVISSES.)

BLANC-MANGER. *Entremets.* Jetez dans de l'eau bouillante deux hectos d'amandes douces et deux ou trois amandes amères. Pelez ces amandes, jetez-les dans un mortier, et, quand elles seront en pâte, délayez cette pâte avec un quart de litre de lait, un hecto de sucre et un peu d'eau de fleur d'oranger. Passez cette préparation au tamis, faites-la bouillir jusqu'à ce qu'elle ait pris une consistance suffisante, et servez.

BLANC-MANGER FROID. *Entremets.* Il se prépare comme le précédent, avec cette différence qu'après avoir passé la préparation au tamis, on y ajoute de la colle de poisson qu'on a fait dissoudre à part, et qu'au lieu de faire bouillir le tout, on met dans un vase de porcelaine qu'on pose sur de la glace, afin que le blanc-manger se congèle.

BLANC-MANGER RENVERSÉ. *Entremets.* Préparez un blanc-manger froid (*V.* l'article précédent) en augmentant la dose de colle de poisson. Versez cette préparation dans un moule et entourez ce moule de glace pilée. Lorsque le blanc-manger aura acquis une consistance suffisante, vous renverserez le moule sur un plat et vous le frotterez avec une serviette chaude, puis vous le lèverez doucement, et vous servirez sur-le-champ le blanc-manger, qui sera resté moulé sur le plat.

NOTA. Ce mets, qui était fort en vogue il y a vingt-cinq ans, ne jouit pas aujourd'hui d'une grande faveur. C'est, néanmoins, un entremets sucrés délicats, et il n'est jamais déplacé sur une bonne table.

BLANQUETTE. (*V.* SAUCES.)

BLANQUETTE DE VEAU. *Entrée.* Coupez en tranches
minces du veau rôti et refroidi, mettez ces tranches dans
une sauce-blanquette (*V.* SAUCES), faites mijoter le tout
pendant un quart d'heure, et servez.

BLANQUETTE DE VOLAILLE. *Entrée.* Opérez comme il
est dit à l'article précédent, en substituant au veau de la
volaille rôtie et refroidie.

BLEU. (*V.* SAUCES.)

BŒUF. La chair du bœuf est incontestablement la plus
substantielle et la plus succulente de toutes. Mais il n'est
pas aussi facile qu'on le croit communément de se procurer, même à Paris, du bœuf réunissant toutes les qualités désirables : non-seulement les bouchers trompent
les acheteurs sur la nature de la marchandise, en ven-
dant de la vache et du taureau pour du bœuf; mais le
bœuf même qu'ils livrent à la consommation est rarement
exempt de défauts : tantôt c'est un vieux bœuf qu'on
a engraissé quand les forces lui ont manqué pour travailler; tantôt ce sont des bœufs échauffés par un long
voyage, fiévreux, malsains, et à moitié morts avant
d'arriver au lieu du sacrifice; ou bien encore c'est un
sujet jeune et sain qui a été saigné par une main malhabile, etc.

La viande de bœuf de bonne qualité est brune, ferme
au toucher; ses pores doivent être serrés, sa graisse d'un
jaune peu foncé. De quelque sujet qu'elle provienne, la
viande sanguinolente est toujours détestable.

En général on ne trouve de bon bœuf, à Paris comme
ailleurs, que chez les bouchers de premier ordre, qui
tiennent à honneur d'avoir toujours chez eux ce qu'on
appelle, en termes du métier, *la tête de la viande.* Il est
vrai que les prix sont plus élevés là qu'ailleurs; mais c'est
le cas de se rappeler que les mauvaises choses sont
toujours trop chères, et que le bon marché est souvent
ruineux.

BŒUF (**Beafstecks**). *Entrée.* Coupez du filet de bœuf
par tranches; parez, salez, poivrez et faites griller sur un
feu vif. Dès que le jus commence à se montrer à la surface, il faut les retourner, et peu d'instants après les
servir, soit au naturel, soit sur du beurre d'anchois,
soit sur une simple maître-d'hôtel (*V.* SAUCES), ou enfin

entourés de cresson ou de pommes de terre sautées et rissolées dans le beurre. On a imaginé, depuis quelques années, de faire griller les beafstecks avec feu dessous et dessus, afin qu'étant saisis des deux côtés en même temps, ils ne perdissent pas leur jus. Ce procédé est mauvais : la viande sur laquelle retombe nécessairement la partie aqueuse qui s'en exhalerait à l'air libre, est flasque et molle comme si on l'avait fait cuire à la vapeur. Le mieux est toujours de faire griller simplement les beafstecks sur un feu un peu ardent, et de les retourner dès que le jus commence à se montrer du côté qui n'est pas sur le feu.

Depuis quelque temps, la mode a pris sous sa protection, chez les restaurateurs le plus en vogue, une nouvelle espèce de beafstecks que l'on désigne sous le nom de *Filets à la Châteaubriant*. C'est un beafsteck double en épaisseur, saisi à un feu vif sur le gril, et qui se sert avec une sauce relevée au beurre d'anchois.

BŒUF BOUILLI. *Relevé de potage.* On nomme communément *bouilli* le bœuf qui a servi à faire du bouillon. Les meilleurs morceaux pour obtenir le bon bouilli sont le gîte à la noix, la tranche et la culotte. On sert le bouilli entouré de branches de persil.

Nota. Le bœuf bouilli de la veille peut servir à faire plusieurs sortes d'entrées. Indépendamment des manières de l'accommoder que nous indiquons plus loin, comme *miroton, persillade,* etc., on peut le mettre en blanquette, en rémolade, à la sauce Robert, à la sauce piquante, à la sauce tomate, etc. (*V.* Sauces.)

BŒUF BRAISÉ (Filet de). Piquez de lard bien assaisonné un filet de bœuf; faites-le cuire dans une *braise* bien corsée (*V.* Braise), et opérez du reste comme pour le bœuf à la mode.

Le *filet de bœuf au vin de Malaga* se prépare de la même manière, avec cette seule différence que le mouillement doit être composé de moitié consommé et moitié vin de Malaga.

BŒUF (Cervelle de). *Entrée.* (*V.* Cervelle de veau.) La cervelle de bœuf se traite de la même manière; mais elle est beaucoup moins délicate, et ne se sert point sur les bonnes tables.

BŒUF AUX CROUTONS (Filet de). *Entrée.* Ce mets se

prépare avec les restes d'un filet de bœuf rôti la veille.
On coupe ces restes par tranches, on les fait réchauffer
dans du jus de viande, sans les faire bouillir. D'autre
part, on taille des morceaux de mie de pain en losanges,
et on les fait revenir dans du beurre. Dressez tout cela
en couronne en mettant successivement un morceau de
filet et un croûton, et versez au milieu du jus de viande
dans lequel vous aurez fait dissoudre un morceau de
beurre manié avec du persil haché et du jus de citron.

BŒUF (**Entre-côte de**). *Entrée*. L'entre-côte étant bien
aplatie, faites-la mariner dans de l'huile, avec sel, poivre, fines herbes et échalotes hachées. L'entre-côte doit
rester pendant trois ou quatre heures dans cette marinade; après quoi on la fait griller, et on la dresse sur une
sauce piquante (*V.* Sauces.)

L'entre-côte braisée se prépare ainsi : on la fait revenir
dans une casserole avec du lard; puis on la retire, on
fait un roux; on remet l'entre-côte dans la casserole avec
carottes, oignons, bouquet garni, sel, poivre; on mouille
avec moitié consommé et moitié vin blanc. Après quatre
heures de cuisson, on ôte l'entre-côte; on dégraisse la
sauce et on dresse l'entre-côte dessus.

L'entre-côte dans son jus se prépare comme l'entre-côte
braisée, avec cette différence qu'on ne fait pas de roux.

BŒUF (**Foie de**). *Entrée*. (*V.* Foie de veau.) Le foie de
bœuf, quand il est blond et bien sain, s'accommode
comme le foie de veau, et il est presque aussi délicat.

BŒUF EN FRICANDEAU. *Entrée*. Coupez du filet de
bœuf par tranches, piquez ces tranches de lard fin et
faites-les cuire comme le bœuf à la mode. (*V.* Boeuf a
la mode.) On dresse ce fricandeau sur son fond de cuisson réduit, sur des épinards ou sur de l'oseille, et on le
glace avec une glace de viande bien réduite.

BŒUF FUMÉ. (*V.* Conservation des substances alimentaires.) Le bœuf fumé dit *de Hambourg* est le plus
estimé. — On en fait le même usage que du jambon.
(*V.* Jambon.)

BŒUF EN HACHIS. *Entrée*. Le *hachis* n'est autre chose
que le bouilli haché très-menu, assaisonné d'oignons également hachés et revenus dans le beurre, sel, poivre
mouillé avec moitié bouillon et moitié vin blanc, et
qu'on laisse mijoter pendant un quart d'heure avant de

le dresser. On peut aussi, au lieu de mouiller le hachis ainsi assaisonné, en faire des boulettes, les rouler dans de la farine et les faire frire. On les dresse ensuite, soit sur une sauce tomate, soit sur une sauce espagnole réduite, soit sans sauce; mais quoi que l'on fasse, on ne parviendra pas à déguiser la vulgarité de ce mets, qui ne convient qu'aux petits ménages.

Bœuf (Langue de). *Entrée.* La langue de bœuf n'est pas un mets bien recherché; cependant on la prépare de plusieurs manières : à l'écarlate, au gratin, à la sauce hachée, piquée et rôtie. Voici ces divers procédés :

Pour préparer la langue à l'écarlate on la fait griller pendant quelques instants seulement, afin d'enlever la peau rugueuse qui la couvre; puis on la met dans un vase vernissé, sur une couche de sel, et on la recouvre de sel. Elle doit rester ainsi pendant trente-cinq ou quarante jours, on la retourne de temps en temps et on remet du sel dessus à mesure que le premier se fond. Au bout de ce temps, on la retire du sel, on la fourre dans un large boyau bien nettoyé et on la met dans la cheminée, où elle doit rester pendant trois ou quatre jours bien exposée à la fumée. Lorsqu'on veut la faire cuire, il faut la mettre dans un seau d'eau fraîche, l'y laisser pendant trois ou quatre heures, puis on la met dans une marmite avec une nouvelle eau. des oignons coupés par tranches, un fort bouquet garni, et on la fait bouillir pendant six heures; on la retire ensuite, on la fait égoutter et on la sert froide.

Si l'on veut mettre la langue de bœuf à la sauce hachée, il faut la faire bouillir dans de l'eau pendant quelques minutes, afin d'en pouvoir enlever la peau ; puis on la pique de gros lard et on la fait cuire pendant quatre ou cinq heures à la braise. (*V.* BRAISE.) Lorsqu'elle est cuite, on la sert dans toute sa longueur, sans séparer les deux parties; on fait un roux, que l'on mouille avec un peu du fond de cuisson, on y ajoute des champignons, des échalotes, un bouquet garni, et après avoir fait bouillir cette sauce pendant quelques minutes on la verse sur la langue.

La langue de bœuf rôtie se prépare comme celle à la sauce hachée (*V.* ci-dessus); mais on l'ôte de la braise avant qu'elle soit entièrement cuite, on la met à la broche ensuite et on la sert avec une sauce piquante à part.

Quant à la langue de bœuf au gratin, elle se prépare avec les restes d'une langue rôtie la veille. On coupe ces restes par tranches, on les arrange sur un plat avec un peu de bouillon, échalotes, fines herbes, cornichons hachés, un peu de gros poivre, le tout saupoudré de chapelure. On pose le plat sur un feu doux et on l'y laisse jusqu'à ce que cette préparation commence à gratiner.

BŒUF EN MIROTON. *Entrée.* Faites revenir dans du bon beurre des oignons coupés par petits dés jusqu'à ce qu'ils soient de belle couleur, saupoudrez-les de farine, et lorsque la farine elle-même aura pris couleur, vous mouillerez avec du bouillon. Laissez réduire le tout de manière à ce que la sauce ne soit ni trop claire ni trop épaisse, ajoutez-y le bœuf bouilli coupé par tranches et dressez le ragoût lorsque ces tranches seront bien pénétrées par la chaleur.

BŒUF A LA MODE. *Entrée.* Après avoir piqué de lard un beau morceau de culotte de bœuf, ou mieux, un filet de bœuf bien paré, faites-le cuire dans une bonne *braise* (*V.* BRAISE), à laquelle vous ajouterez un jarret de veau, et dont le mouillement sera composé d'autant de vin blanc que de consommé. Faites bouillir pendant cinq heures, dressez votre bœuf sur une partie du fond de braise réduit et passé, étendez sur le bœuf une couche de *glace* bien corsée, et servez. — Si le bœuf à la mode doit être servi froid, on passe également le fond de braise, on le fait réduire et on le clarifie en y joignant, pendant qu'il bout, un blanc d'œuf battu dans un verre d'eau et en écumant avec soin. Cela fait, on passe de nouveau le fond de braise, qui, en refroidissant, forme une excellente gelée, qu'on sert avec le bœuf froid.

BŒUF (**Palais de**). *Entrée.* Jetez les palais de bœuf dans de l'eau bouillante, afin de pouvoir enlever la peau dure et noire qui les recouvre, coupez ces palais par morceaux de deux pouces de long et de large et faites-les cuire dans un blanc. (*V.* SAUCES.)

Les palais cuits de la sorte peuvent se mettre à la sauce piquante, à la sauce Robert, à la sauce tomate, etc.; on peut aussi les dresser sur une purée d'oignons, ou de pois ou de navets. Dans ce dernier cas, après les avoir dressés, il faut les glacer avec de la bonne et forte glace de viande

On peut aussi mettre les palais de bœufs ainsi cuits en *croquettes*. Pour cela, on les coupe en très-petits morceaux carrés, on les met dans une sauce blonde que l'on fait réduire, puis on divise le tout en petites portions, que l'on pane au jaune d'œuf et que l'on fait frire.

Bœuf en persillade. *Entrée.* Coupez le bouilli froid par tranches, mettez-le dans un plat avec du persil, des échalotes hachées, un peu de beurre; saupoudrez le tout avec de la chapelure, mouillez avec du bouillon, placez le plat sur un feu doux, couvrez-le avec un four de campagne et faites mijoter pendant une demi-heure.

Bœuf (Queue de). *Entrée.* La queue de bœuf, qui est un mets fort peu recherché, se fait cuire à la braise. (*V.* BRAISE.) Lorsqu'elle est ainsi cuite on peut la servir sur un peu de son fond de cuisson réduit, mais le plus souvent en la retirant de la braise, on la pane, on la fait griller et on la sert sur une sauce piquante.

Bœuf roti (Aloyau de). *Rôt.* Après avoir paré un aloyau de manière à ce qu'il ait la meilleure mine possible, on le fait mariner pendant huit à dix heures dans de l'huile avec des oignons coupés en tranches, persil, thym, laurier, sel et poivre; on le met ensuite à la broche, où il doit rester, devant un feu vif, pendant au moins deux heures. Du jus que rend l'aloyau on fait une sauce, en y mêlant des échalotes hachées, du sel, du poivre, un filet de vinaigre, et l'on sert cette sauce à part.

Bœuf roti (Filet de). *Rôt.* Le rôti de bœuf, pour mériter l'épithète d'excellent, ne doit pas être *saignant*, il faut qu'il soit *juteux;* c'est-à-dire qu'il doit être atteint par le feu dans toutes ses parties; mais pas assez violemment pour que tout le jus en soit sorti et se soit calciné. Ce jus, à mesure que la pièce approche du degré de cuisson convenable, se concentre dans l'intérieur, en même temps que l'osmazome, attiré à la surface par l'action du feu, forme ce qu'on appelle le *rissolé*, superficie délicieuse, qui charme à la fois la vue, l'odorat et le goût.

Voulez-vous vous assurer si une pièce, encore à la broche, est suffisamment cuite, alors que soumise à un feu clair et modéré, elle est parfaitement rissolée, plongez jusqu'au centre une lame de couteau étroite et bien tranchante ; retirez-la aussitôt. Si par cette étroite ouverture sort un jus d'une couleur plutôt brune que rouge, la pièce est cuite à point.

Voici la manière d'opérer pour obtenir ce rôti dans sa perfection : parez un filet de bœuf, piquez-le de lard fin, et mettez-le à la broche, devant un feu ardent ; arrosez-le souvent avec de bon beurre. Le filet étant cuit à point, dressez, le côté bardé en dessus.

Le filet rôti peut être servi nu ; on peut aussi le dresser sur du jus réduit, sur une sauce piquante, sur une sauce tomate, sur la chicorée au gras, etc.

Bœuf sauté (**Filet de**). *Entrée.* Le filet de bœuf étant coupé par tranches comme pour les beafstecks, on les met dans un plat à sauter avec du beurre, sur un feu vif. Lorsque les tranches commencent à roidir, on les retourne, puis après quelques secondes on y ajoute un peu de sauce espagnole dans laquelle elles doivent achever de cuire. Après avoir dressé ces tranches, on les glace avec une glace de viande bien corsée.

Le *filet de bœuf sauté aux truffes* se prépare de la même manière ; il suffit d'y ajouter des truffes coupées pas tranches très-minces au moment où on emploie la sauce espagnole.

Pour le *filet de bœuf sauté au vin de Madère,* on remplace la sauce espagnole par une quantité égale de glace et de vin de Madère.

Pour le *filet de bœuf sauté dans sa glace,* on remplace la sauce espagnole par de la glace de viande à laquelle on ajoute un peu de fond de braise.

Le *filet de bœuf sauté aux champignons* se prépare comme celui sauté aux truffes.

Tous ces procédés peuvent être modifiés ; ainsi on peut réunir les champignons et les truffes ; mettre moitié madère et moitié espagnole, etc., etc.

Bœuf sauté (**Rognon de**). *Entrée.* Coupez en petits morceaux très-minces un rognon de bœuf en ayant soin d'en extraire la graisse ; faites-le sauter dans le beurre ; ajoutez des champignons blanchis ; quelques cuillerées de sauce espagnole ; que le tout ensemble bouille pendant deux minutes ; servez ensuite.

Pour le *rognon de bœuf sauté au vin,* dès que la viande est bien revenue, on la saupoudre de farine, on laisse prendre couleur en la remuant toujours; et on mouille avec du vin rouge ou blanc.

On emploierait du vin de Madère que cela ne gâterait rien; les truffes, les morilles, sont aussi admises de plein droit dans cette préparation; enfin, ici comme partout, la porte reste ouverte au libre arbitre; nous disons le point de départ, le juste-milieu; mais nous ne posons de limites nulle part, convaincus que le génie, en cuisine, n'en a point.

BŒUF EN VINAIGRETTE. Coupez du bœuf bouilli froid par petites tranches bien minces; assaisonnez-le de cerfeuil, estragon, pimprenelle, câpres, cornichons coupés, sel, poivre, huile et vinaigre.

BOUDIN. *Entrée.* Mettez dans une casserole un litre d'oignons que vous aurez fait blanchir et qui seront hachés bien menu; ajoutez un demi-kilo de panne coupée en petits dés, deux hectos de saindoux, un litre et demi de sang de cochon, sel, épice, persil bien haché; mêlez bien le tout, et entonnez cette préparation dans des boyaux de porc que vous aurez préalablement bien nettoyés et échaudés. Les boyaux étant pleins et liés par les deux bouts, vous les piquez çà et là avec une épingle afin que la vapeur de leur contenu ne les fasse pas crever. D'autre part, vous aurez fait chauffer de l'eau dans un chaudron. Mettez les boudins dans cette eau un peu avant qu'elle soit en ébullition, et entretenez le feu sous le chaudron, de manière que l'eau reste à ce même degré de chaleur sans bouillir. Au bout de trois quarts d'heure les boudins seront suffisamment cuits; retirez-les, faites-les égoutter et laissez-les refroidir. Pour les servir, il faudra les ciseler légèrement et les faire griller sur un feu doux.

BOUDIN BLANC. *Entrée.* Après avoir coupé en petits dés et fait blanchir un litre d'oignons, faites-les cuire dans deux hectos de saindoux. Pilez dans un mortier du blanc de volaille, de la panne et de la mie de pain trempée dans de la crème, le tout par égales parties. Le tout formant une pâte bien unie, vous y ajouterez quatre jaunes d'œufs, un demi-verre de crème. Délayez cette préparation, ajoutez-y du sel et du poivre, et versez-la sur les oignons quand ils seront cuits; mêlez-bien le tout; laissez-le pendant un quart d'heure sur le feu, et opérez ensuite comme il est dit à l'article précédent.

Boudin d'écrevisses. (*V.* Écrevisses.)

Bouille-a-Baisse. (*V.* Potage au poisson.)

Bouillie. *Entremets.* Délayez de la farine avec de bon lait, ajoutez-y le sucre nécessaire, et faites bouillir le tout en tournant, jusqu'à ce qu'il se soit formé un fort gratin au fond de la casserole. Lorsque la bouillie sera presque cuite, vous y ajouterez un peu de beurre frais, et au moment de la servir, lorsqu'elle sera hors du feu, vous pourrez y mêler des jaunes d'œufs bien battus.

Bouillie renversée. *Entremets.* La bouillie étant préparée comme il est dit à l'article précédent, et bien épaisse, vous la laisserez refroidir, puis vous la mêlerez avec des jaunes d'œufs, des blancs d'œufs battus en neige, et un peu de fleur d'oranger; versez cette préparation dans une tourtière bien beurrée; mettez cette tourtière sur le feu, couvrez-la avec un four de campagne, et servez lorsque cette bouillie aura pris une belle couleur.

On peut aussi, au lieu d'une tourtière, se servir d'un moule à gâteau. La cuisson étant terminée, on renverse le moule sur un plat, on enlève ce moule, et l'on sert la bouillie qui forme un véritable gâteau.

Bouillon. De même que le bouilli n'est que de la chair moins son jus, le bouillon n'est autre chose que du jus de viande étendu dans une certaine quantité d'eau. C'est donc une composition fort peu compliquée en apparence; mais elle est d'une telle importance, à raison de ses nombreux usages, qu'il est indispensable de la bien préparer.

Dans une marmite de la contenance de dix litres, mettez un morceau de bœuf de quatre kilos et remplissez la marmite avec de l'eau froide, jusqu'à six centimètres de son bord. A peine la viande est-elle immergée qu'une partie de l'osmazome s'en dégage. Posez la marmite sur un feu doux. Au bout d'une demi-heure environ, l'eau ayant atteint une chaleur d'environ soixante degrés, l'albumine se dégage à son tour, se coagule, et forme une écume plus ou moins épaisse qu'on enlève avec soin à mesure qu'elle se produit. L'écume étant enlevée, on sale modérément l'eau, qui commence à entrer en ébullition, et l'on ajoute au contenu de la marmite quelques carottes et navets, un panais et des poireaux, du céleri, deux clous de girofle enfoncés dans une gousse d'ail.

Dès ce moment il ne s'agit plus que d'entretenir sous la marmite un feu doux et égal, de manière à ce que l'ébullition, bien qu'à peine sensible, ne soit pas interrompue un seul instant. Si l'ébullition était violente, surtout dans le commencement de l'opération, la viande serait saisie, l'osmazome et la partie extractive de la fibrine n'en pourraient être extraits. Le bouilli n'en serait pas plus mauvais, sans doute, mais le bouillon ne vaudrait rien. La suspension de l'ébullition produirait à peu près le même effet.

L'ébullition doit durer six heures sans interruption. Au bout de ce temps, on enlève le bouilli, on passe le bouillon et l'opération est terminée.

Le bouillon ainsi obtenu est la base de tous les potages au gras et d'une foule d'autres préparations.

Les parties du bœuf les plus convenables pour faire de bon bouillon sont : l'aloyau, la tranche, le gîte à la noix. Quelques expérimentateurs ont donné la suprématie au morceau appelé *culotte;* c'est de la partialité; la culotte ne doit prendre place ici qu'au quatrième rang.

Bouillon de grenouille. (*V.* plus bas Bouillon de poisson.) Le bouillon de grenouilles se prépare de la même manière en remplaçant le poisson par des cuisses de grenouilles.

Bouillon maigre. (*V.* Bouillon de poisson). Le bouillon maigre se prépare de la même manière, en supprimant le poisson et augmentant la quantité de beurre.

Bouillon de poisson. Faites revenir dans de bon beurre frais des oignons, carottes et panais coupés en dés jusqu'à ce qu'ils soient d'une belle couleur brune foncée; saupoudrez-les avec de la farine, en remuant toujours avec une cuillère de bois. La farine étant elle-même bien brune, ajoutez-y des carpes, perches ou brochets coupés par tronçons, faites-leur faire quelques tours; mouillez avec de l'eau; ajoutez sel, poivre, un bouquet garni, et faites bouillir le tout pendant une heure. Passez cette préparation au tamis ou dans une serviette en exprimant légèrement.

On peut faire, avec ce bouillon, d'excellents potages au maigre, en y ajoutant un peu de coulis d'écrevisse fait au maigre (*V.* COULIS), on l'emploie avec succès dans les sauces maigres pour toutes sortes de poissons.

BOUILLON DE POULET. Faites bouillir pendant trois heures, dans trois litres d'eau, un poulet moyen avec du cerfeuil, des feuilles de laitue et très-peu de sel.

BOUILLON DE VEAU. Il se prépare comme le bouillon de poulet, en remplaçant le poulet par de la rouelle de veau.

BOUQUET GARNI. Le bouquet garni se compose de persil, ciboules, thym, laurier, que l'on attache ensemble avec un bout de fil. Le bouquet ne se sert jamais ; il faut l'enlever au moment de dresser le ragoût à la confection duquel il a servi.

BRAISE. Foncez une braisière avec des bardes de lard et des tranches de bœuf et de veau de l'épaisseur d'un doigt, assaisonnées de fines herbes, oignons, carottes, thym, laurier, poivre, muscade. C'est sur cet assaisonnement que doit reposer mollement, comme sur un matelas nutritif, la pièce que l'on veut faire braiser ; on recouvre cette pièce des ingrédients semblables à ceux qu'on a mis dessous, de sorte qu'elle se trouve renfermée entre deux matelas pareils, puis on mouille le tout avec du bouillon, ou mieux, avec du consommé. On ferme ensuite la marmite, et on lute tous les joints du couvercle avec de la pâte, de manière à ce qu'elle soit close hermétiquement. On met enfin du feu dessous et dessus, et l'on a soin de l'entretenir, en observant cependant de le diminuer petit à petit à mesure que la cuisson s'avance.

Le temps de la cuisson pour les grosses pièces, telles que filet de bœuf, gigot, etc., est de cinq heures. Il sera facile de garder la proportion pour les autres, en ayant égard à la fois à leur volume et à leur nature plus ou moins ferme. Au reste, il n'y a jamais danger de donner une demi-heure, voire même une heure de cuisson de plus qu'il n'est nécessaire à la rigueur.

Les braises ont l'immense avantage d'attendrir toute espèce de viandes de boucherie, de volaille, de gibier, et de leur conserver tous leurs sucs et leurs principes les plus subtils ; mais là ne se borne pas leur mérite : la pièce cuite, enlevée, servie, reste le jus dans lequel elle a cuit. Ce jus, qu'en langage culinaire on appelle *fond*, est une des préparations fondamentales les plus essentielles à la confection d'une foule de mets ; il est le principe des sauces d'élite, qu'un savant moderne appelle *sauces de haut bord*, et c'est à ce titre que nous le mentionnons ici, abstraction faite des substances au mérite desquelles il contribue, et dont il sera parlé plus loin.

BRANDADE DE MORUE. *Entrée.* (*V.* MORUE.)

BRÊME. (*V.* CARPE.) La brème, qui est un poisson d'eau douce, se traite de la même manière que la carpe.

BRIOCHE. *Entremets.* Faites une espèce de bassin sur la table, avec un demi-kilo de farine ; mettez dans ce bassin un demi-kilo de beurre, un quart de litre de lait, douze œufs, un peu de sel, pétrissez le tout et ajoutez-y de la levure, qui doit être préparée à l'avance, avec trois hectos de farine et quinze grammes de levure de bière délayées dans un verre d'eau tiède. Pétrissez ensemble levure et pâte et laissez reposer le tout à une température de 16 degrés centigrades pendant dix à onze heures. Au bout de ce temps, donnez aux brioches la forme qui vous plaira ; dorez-les avec des œufs battus, mettez-les sur une plaque de tôle et enfournez-les. La chaleur du four doit être assez forte : c'est celle qu'en termes de pâtisserie on appelle four gai.

BROCHET AU BLEU. *Rôt.* Videz le brochet, ôtez-en les ouïes, mais ne l'écaillez point ; mettez le brochet dans une poissonnière avec une suffisante quantité de court-bouillon, pour qu'il y baigne (*V.* SAUCES). Le brochet étant cuit, on le laisse refroidir dans le court-bouillon et on le sert froid et garni de persil en branches.

BROCHET A LA BROCHE. *Rôt et entrée.* Après avoir vidé et écaillé le brochet, on le larde avec des lardons de moyenne grosseur ; enveloppez-le de papier beurré et mettez-le à la broche. Pendant qu'il cuira, il faudra l'arroser fréquemment avec du vin blanc mêlé de jus de citron. Le brochet étant cuit, on recueille le liquide qui a servi à l'arroser ; on y ajoute des anchois pilés, des huîtres ; puis on fait un roux (*V.* ROUX), on verse cette sauce dessus, on y ajoute du sel, du poivre et des câpres, et l'on dresse le brochet sur cette sauce.

BROCHET AU BLEU. *Entrée.* Faites cuire le brochet au bleu (*V.* plus haut), et servez-le avec une sauce blanche mêlée de câpres. (*V.* SAUCES.)

BROCHET EN FRICASSÉE DE POULET. *Entrée.* On fait cuire le brochet au bleu, on lève les filets et l'on opère, du reste, comme pour la fricassée de poulet. (*V.* POULET.)

BROCHET FRIT. *Rôt.* Le brochet étant vidé et écaillé, saupoudrez-le de farine et mettez-le dans de la friture bien chaude.

BROCHET EN MATELOTE. *Entrée.* (*V.* MATELOTE.)

BROCHET EN SALADE. *Entrée.* Le brochet étant cuit au bleu (*V.* plus haut), on en lève les filets, que l'on coupe en morceaux de deux pouces de long. On dresse ces morceaux sur un plat avec des œufs durs, des cœurs de laitues, des filets d'anchois, des câpres, le tout arrangé de manière à avoir un aspect agréable, et l'on verse dessus une sauce à la ravigote froide. (*V.* SAUCES.)

BROU DE NOIX. *Office.* Pilez dans un mortier une centaine de noix assez peu formées pour qu'une aiguille puisse les traverser de part en part; faites-les infuser pendant six semaines dans cinq litres d'eau-de-vie, passez cette infusion au tamis, ajoutez-y trois kilos de sirop de sucre cuit au boulé (*V.* SUCRE) et laissez reposer le tout pendant deux mois au moins. Filtrez ensuite cette préparation et mettez-la en bouteilles.

CABILLAUD A LA HOLLANDAISE. *Entrée.* Le cabillaud étant cuit au bleu ou court-bouillon (*V. Court-bouillon*) entourez-le de pommes de terres cuites à la vapeur et de quelques branches de persil, et servez-le avec une sauce hollandaise à part.

CAFÉ. *Office.* Pour faire de bon café il faut moudre ensemble, par égales parties, du café martinique vert, du café bourbon et du café moka, après qu'ils ont acquis, par la torréfaction, la couleur *puce* ou *capucin*. On emploie plusieurs méthodes pour faire une bonne décoction de café; voici la meilleure : c'est celle usitée au café de Foi et au café Lemblin, qui ont acquis une si grande réputation. Faites bouillir de l'eau dans une cafetière, ôtez la cafetière du feu lorsque l'eau sera en pleine ébullition, jetez dedans le café en poudre auquel vous aurez ajouté quelques petits morceaux de colle de poisson; remuez le tout avec une spatule de bois, et lorsque le café aura cessé de se boursoufler à la surface, vous couvrirez la cafetière, et laisserez le tout reposer pendant un quart d'heure. Tirez alors le café à clair, et s'il n'est plus assez chaud pour être servi, vous le ferez chauffer au bain-marie.

Pour obtenir de bon café, il ne faut pas faire plus de trente demi-tasses avec une livre de café moulu.

Il existe un grand nombre d'appareils pour la préparation du café. Nous ne nous prononcerons pas sur le plus ou moins de mérite des uns et des autres. C'est là une affaire de goût.

CAILLES A LA BROCHE. *Rôt.* Les cailles étant plumées, vidées, flambées, enveloppées de feuilles de vignes et bardées avec du lard coupé très-mince, on les met à la broche, et on les sert sur des tartines de pain rôties.

CAILLES GRILLÉES. *Entrée.* Les cailles étant bien flambées et vidées, on les fend en deux par le dos, sans séparer les deux parties, et on les met à plat dans une casserole, de manière que l'intérieur des cailles touche le fond du vase. Mouillez avec de l'huile, ajoutez sel, poivre, thym, laurier; couvrez le tout de bardes de lard et faites cuire sur un feu doux. Les cailles étant aux trois quarts cuites, il faut les retirer de la casserole, les paner et les faire griller. Pendant qu'elles sont sur le gril, ajoutez un peu de consommé à l'huile qui est dans la casserole, faites bouillir le tout, dégraissez cette sauce, passez-la au tamis, versez-la sur un plat et dressez dessus les cailles grillées.

CAILLES EN SALMIS. (*V.* SALMIS.)

CAILLES EN ÉTUVÉE. *Entrée.* Plumez, videz et flambez les cailles; faites-les revenir à la casserole avec du beurre. Lorsqu'elles commencent à prendre couleur, on les retire, on jette dans le beurre un peu de farine et l'on fait un roux. Mouillez le roux avec moitié vin blanc et moitié consommé; ajoutez quelques petits oignons, sel et poivre, un bouquet garni, des crêtes et rognons de coq, des culs d'artichaud, des champignons à moitié cuits. Les cailles étant cuites, dressez ce ragoût et entourez-le de mies de pain également taillées et frites dans le beurre.

Ces croûtons frits, qu'on ajoutait autrefois à un grand nombre de ragoûts, commencent à passer de mode; on les remplace avantageusement par des truffes coupées par tranches et cuites au vin.

CANARD A LA BROCHE. *Rôt.* Plumez, videz, flambez le canard; mettez-le à la broche et arrosez-le souvent avec de bon beurre. Le canard rôti doit être servi un peu saignant; trop cuit, il perd tout son prix. Après l'avoir dressé, on l'entoure de tranches de citron. On peut, avant de mettre le canard à la broche, le farcir d'un hachis de viande bien assaisonné, de marrons ou de champignons; mais il faut avoir fait cuire au préalable ces substances, car le canard, ne devant rester à la broche que cinquante minutes au plus, elles ne pourraient pas cuire dans son corps.

CANARD EN DAUBE. *Entrée.* Piquez un canard avec des lardons de moyenne grosseur et faites-le cuire dans une bonne braise (*V.* BRAISE), en y ajoutant un morceau de jarret de veau. Le canard étant cuit, s'il doit être servi chaud, vous le servirez sur une partie du fond de cuisson, que vous aurez dégraissé et fait réduire. S'il est destiné à être mangé froid, on clarifie une partie du fond de cuisson avec un blanc d'œuf battu; on passe cette préparation à la chausse et on la laisse prendre en gelée. On entoure avec cette gelée le canard froid.

CANARD AUX NAVETS. *Entrée.* Faites revenir séparément dans du beurre le canard et des navets bien tournés. Le tout ayant pris couleur, ôtez canard et navets; jetez un peu de farine dans le beurre et faites un roux. On remet dans ce roux navets et canard, avec sel, poivre et bouquet garni; on mouille avec du bouillon et on laisse cuire. Il faut avoir soin de dégraisser la sauce avant de dresser.

CANARD AUX OLIVES. *Entrée.* Faites revenir le canard comme il est dit à l'article précédent, en supprimant les navets. Lorsqu'il aura pris couleur vous le saupoudrerez de farine et vous lui ferez encore faire un tour, puis vous mouillerez avec du consommé. *Tournez* des olives avec un couteau, de manière à en extraire le noyau, faites les blanchir et mettez-les dans la casserole quelques minutes avant que le canard soit entièrement cuit. Dressez comme il est dit à l'article précédent.

CANARD A LA PURÉE. *Entrée.* (*V.* CANARD EN DAUBE.) Le canard étant cuit comme il est dit à cet article, dressez-le sur une purée de légume quelconque. (*V.* PURÉES.)

CANARD AUX POIS. *Entrée.* Faites revenir le canard avec du petit lard ; ôtez l'un et l'autre de la casserole lorsqu'ils auront pris couleur ; mettez un peu de farine dans le beurre, faites un roux et mouillez avec du bouillon. Remettez dans la casserole le canard et le lard; ajoutez-y des petits pois, un bouquet garni, sel et poivre, et faites cuire à feu doux. Pour dresser, on verse les pois sur un plat, on pose le canard dessus et on le glace avec de la glace de viande.

CANARD EN SALMIS. (*V.* SALMIS.)

CANETON. Il se traite absolument comme le canard, seulement il faut moins de temps pour le faire cuire.

CANARD SAUVAGE. Il se traite comme le canard domestique.

CAPILOTADE DE VOLAILLE. *Entrée.* La capilotade se fait avec des restes de volaille rôtie la veille. Faites fondre un peu de beurre, mêlez-y un peu de farine, sel, poivre, fines herbes, champignons blanchis et coupés menu. Lorsque le tout commence à blondir, on mouille avec moitié consommé et moitié vin blanc. Après vingt minutes d'ébullition, mettez dans cette préparation les morceaux de volaille rôtie bien parés. Laissez le tout sur un feu doux pendant un quart d'heure et dressez.

CÂPRES. Les câpres se conservent de la même manière que les cornichons. (*V.* CONSERVATION DES SUBSTANCES ALIMENTAIRES et SAUCES.)

CAPUCINES. La fleur de capucine sert à décorer les salades, particulièrement la salade de chicorée. Le grain de ces fleurs se conserve dans le vinaigre, comme les câpres.

CARAMEL. Le caramel n'est autre chose que du sucre que l'on met à sec dans un vase sur un feu ardent, et sur lequel on verse un peu d'eau lorsqu'il commence à noircir. On s'en sert pour colorer le bouillon et plusieurs autres préparations.

CARDONS. *Entremets.* Si les cardons doivent être mangés au gras, après les avoir épluchés, en avoir choisi les côtes les plus blanches et les avoir coupées en morceaux de vingt centimètres de long, faites-les cuire dans une bonne braise (*V.* BRAISE). Cuits ainsi, vous pourrez les servir *au jus* en les faisant mijoter dans un peu de leur fond de cuisson, passé et dégraissé ; *à la moelle*, on ajoute au jus un peu de moelle de bœuf fondue au bain-marie.

S'ils doivent être mangés au maigre, il faut les faire cuire dans de l'eau avec un peu de farine, de sel et de vinaigre. On peut alors les servir, en versant dessus une sauce blanche, après les avoir fait égoutter. On peut aussi, lorsqu'ils sont cuits à l'eau, les mettre au gratin ; pour cela, on beurre un plat, on sème un peu de chapelure sur le beurre, et l'on dresse les cardons que l'on saupoudre de mie de pain mêlée de sel et poivre ; puis, on arrose le tout de beurre fondu ; on pose le plat sur un feu doux, on le recouvre avec un four de campagne, et l'on sert dès que le dessus a pris une belle couleur. On peut aussi, avant de verser le beurre fondu sur les cardons, les saupoudrer avec du fromage de Gruyère râpé, ce qui relève un peu le goût des cardons, généralement fades de leur nature.

CAROTTES. *Entremets.* Les carottes ne sont, le plus ordinairement, qu'un accessoire qui entre dans certains ragoûts ; mais on les mange aussi seules en entremets, soit *à la flamande*, soit *à la maître-d'hôtel.* Dans ces deux cas, on fait cuire les carottes dans du consommé, puis on les coupe par tranches ; pour les servir à la flamande, on les met dans une casserole avec du beurre ; dès que le beurre est fondu, on saupoudre les carottes avec un peu de farine, on mouille aussitôt avec de l'eau, on ajoute du sucre en poudre, et, dès que tout cela a pris un peu de consistance, on dresse. Pour les servir *à la maître-d'hôtel*, il suffit de les faire sauter dans une casserole avec du beurre, des fines herbes et du sel.

Si les carottes devaient être mangées au maigre, on les ferait cuire dans de l'eau salée au lieu de consommé, et l'on opérerait, du reste, comme il est dit ci-dessus.

CARPE A LA CHAMBORD. *Entrée.* Écaillez une carpe, piquez-la de lard fin et faites-la cuire au court-bouillon. D'autre part, vous ferez cuire dans du coulis brun des laitances de carpe, des ris de veau, truffes, champignons, crêtes et rognons de coq. Le tout étant cuit, versez le ragoût sur un plat, dressez dessus la carpe et glacez-la avec de la glace de viande.

CARPE A L'ÉTUVÉE. *Entrée.* (*V.* MATELOTE.) La carpe à l'étuvée est une matelote de carpe seule.

CARPE FRITE. *Rôt.* Videz et écaillez une carpe ; fendez-la par le dos dans toute sa longueur, sans séparer les deux parties ; saupoudrez-la de farine et mettez-la dans de la friture bien chaude. Lorsqu'elle sera cuite, vous la ferez égoutter et la servirez entourée de persil frit.

Lorsque la carpe est grosse, on en enlève la laitance qu'on ne met ensuite dans la friture que lorsque la carpe est déjà à moitié cuite.

CARPE A LA MAITRE-D'HOTEL. *Entrée.* (*V.* MAQUEREAU.) La carpe se prépare absolument de la même manière, avec cette seule différence qu'il faut l'écailler.

CARPE A LA PROVENÇALE. *Entrée.* La carpe étant vidée et écaillée, coupez-la par tronçons, mettez-la dans une casserole avec un peu de beurre et de farine, fines herbes, ail, ciboule et champignons hachés, sel et poivre ; mouillez avec moitié huile d'olives et moitié vin blanc, et faites cuir à un feu assez vif. La carpe étant cuite, on la retire, on la dresse ; on fait réduire le fond de cuisson et on le verse dessus.

NOTA. Les *barbeau* et *barbillon* se traitent de la même manière que les carpes.

CARRELET. (*V.* SOLES.) Les carrelets, soit pour entrée, soit pour rôt, se traitent de la même manière.

CASSIS. *Office.* Écrasez deux kilos de cassis et un demi-kilo de framboises ; mettez-les dans un bocal avec six litres d'eau-de-vie, un peu de cannelle et coriandre, et quelques clous de girofle. Laissez le tout, bien bouché, à l'ombre, dans un endroit sec, pendant cinquante jours. Tirez à clair, pressez le fruit et passez-en le jus à la chausse, mêlez le tout, ajoutez-y quatre kilos de sucre. Lorsque le sucre sera fondu, vous filtrerez cette composition au papier gris, et vous la mettrez en bouteilles.

CÉLERI. Le céleri se mange le plus souvent en salade, ou bien en rémolade ; dans ce dernier cas, on le sert en branches avec une rémolade à part (*V.* SAUCES). Il se mange aussi comme les cardons (*V.* CARDONS).

CERISES (Compote de). *Dessert.* Mettez les cerises dans une bassine avec de l'eau, du sucre, du jus de framboises passé à la chausse et un peu de jus de citron. Les cerises étant cuites, dressez-les dans un compotier ; faites réduire le sirop dans lequel elles ont cuit, et versez-le par dessus.

CERISES (Confiture de). *Dessert.* Mettez dans une bassine cinq kilos de cerises dont vous aurez ôté les queues et les noyaux ; écrasez et passez à la chausse un demi-kilo de groseilles et un demi-kilo de framboises, arrosées d'un peu d'eau pour les aider à passer. Versez ce jus sur les cerises ; ajoutez quatre kilos de sucre. Faites bouillir, écumez avec soin ; laissez encore bouillir pendant une heure, et versez ces confitures bouillantes dans des pots bien secs, que vous couvrirez d'un papier trempé dans de l'eau-de-vie, et d'un morceau de parchemin bien ficelé.

CERISES A L'EAU-DE-VIE. *Office.* Mettez dans un bocal des cerises, avec cinq hectos de sucre par chaque kilogramme de fruit ; le sucre ayant été au préalable mis en sirop et cuit au *boulé* (*V.* SUCRE). Mettez aussi, dans le bocal, un petit sac de toile contenant de la coriandre et de la cannelle concassée, et laissez le tout en repos pendant six semaines.

CERVELAS. *Hors-d'œuvre.* Lavez, ratissez, échaudez des boyaux de veau. Hachez de la chair de cochon mêlée d'un tiers de son poids de gros lard ; assaisonnez ce hachis de sel, poivre, épices, un peu d'ail, et entonnez le tout dans les boyaux de veau ; puis liez ces boyaux de distance en distance, et faites cuire cette préparation pendant deux heures dans de l'eau, avec sel, poivre, persil, ciboule, thym, laurier, ail, oignons.

On peut aussi, avant de faire cuire les cervelas, les fumer comme les jambons. (*V.* CONSERVATION DES ALIMENTS.)

CERVELLES. *V.* (BOEUF, MOUTON, VEAU.)

CHAMPIGNONS. Une raison sans réplique, qui devrait faire bannir les champignons de toute cuisine, c'est que les meilleurs, en se corrompant, peuvent devenir aussi vénéneux que les plus mauvais. A Paris, où l'on mange des champignons en toute saison, le danger est moins grand que partout ailleurs, parce que l'on n'apporte jamais ou presque jamais sur les marchés des champignons cueillis sur les pelouses, les revers des fossés, les lisières des bois, et que, d'ailleurs, l'autorité a créé un certain nombre d'inspecteurs chargés de vérifier la qualité de tous les champignons qui sont mis en vente. Les champignons qu'on mange à Paris sont cultivés dans les vastes carrières qui s'étendent autour de la capitale, et où l'on en obtient en tout temps, la température ne variant point dans ces profondeurs.

Il n'en est pas de même en province où l'on mange des champignons de diverses natures; aussi ne se passe-t-il pas une année sans que les journaux rapportent des exemples d'empoisonnement par les champignons.

Les bons champignons ayant souvent beaucoup d'analogie avec les plus vénéneux, nous n'entreprendrons pas de donner, à ce sujet, des instructions qui seraient nécessairement insuffisantes, et par conséquent dangereuses. Nous nous bornerons à dire que les champignons réputés bons, ceux que l'on cultive dans les carrières des environs de Paris, et qui sont seuls admis sur les marchés, sont d'une chair ferme et d'une forme arrondie; ils sont blancs ou grisâtres sur le chapiteau, et roses en dessous.

En cas d'empoisonnement par les champignons, l'eau sucrée mêlée d'un peu de vinaigre ou d'eau-de-vie est le meilleur antidote que l'on puisse administrer. L'éther produit aussi de bons effets; mais l'important est de faire vomir abondamment le malade.

CHAMPIGNONS (Essence de). Après avoir épluché des champignons, mettez-les dans une terrine; couvrez-les d'une couche de sel de cuisine, et laissez-les macérer pendant douze ou quinze heures. Retirez alors les champignons du sel, soumettez-les à une forte pression et recueillez-en tout le jus. Faites bouillir ce jus en y ajoutant des épices, écumez-le avec soin, laissez-le refroidir, et mettez-le dans des fioles que vous boucherez hermétiquement.

CHAMPIGNONS A LA PROVENÇALE. *Entremets.* Faites sauter des champignons dans de l'huile d'olives, avec ail et persil hachés, sel et poivre; arrosez le tout avec du jus de citron au moment de servir.

CHAMPIGNONS EN PURÉE. (*V.* PURÉE.)

CHAMPIGNONS EN RAGOUT. *Entremets.* Mettez dans

9

une casserole un peu de consommé, un filet de vinaigre, persil et ciboule hachés, sel, épices. Le tout étant sur le point de bouillir, jetez dedans les champignons bien épluchés, et, lorsqu'ils seront cuits, retirez-les du feu et liez le ragoût avec des jaunes d'œufs.

CHAPELURE. La chapelure est d'un fréquent usage en cuisine ; pour en obtenir de bonne, il faut faire sécher au four des croûtes de pain à café, les piler ensuite et les tamiser avec un tamis dont les pores soient peu serrés.

CHAPON AU GROS SEL. *Relevé.* Le chapon étant bien flambé, on le bride avec de la ficelle et à l'aide d'une grosse aiguille, de manière à maintenir les cuisses et les ailes dans une position convenable, et on le fait cuire dans du consommé. On le dresse, on fait réduire le fond de cuisson, et on le verse sur le chapon.

CHAPON AU RIZ. *Entrée.* Le chapon étant cuit comme il est dit à l'article précédent, on le dresse sur du riz que l'on a fait crever dans du consommé, et ou l'arrose avec un peu de fond de cuisson réduit.

CHAPON ROTI. *Rôt.* Troussez et bridez le chapon de manière à ce que les cuisses et les ailes étant bien maintenues, les pattes soient en dehors. Couvrez le chapon de bardes de lard, et mettez-le à la broche, Servez-le sur du cresson légèrement vinaigré.

CHARLOTTE DE POMMES. *Entremets.* Beurrez à froid tout l'intérieur d'une casserole ou d'un moule fait exprès ; appliquez sur ce beurre des tranches de mie de pain minces, de manière à ce qu'elles se joignent bien et couvrent tout l'intérieur de la casserole ou du moule ; remplissez cette casserole ou ce moule avec de la marmelade de pommes (*V.* MARMELADE) ; recouvrez la marmelade avec des tranches de mie de pain beurrées à l'extérieur, puis mettez le moule sur un feu doux, couvrez-le avec un four de campagne bien chaud, et laissez le tout en cet état pendant une demi-heure. Renversez le moule ou la casserole sur un plat, et la charlotte en sortira en forme de gâteau. Servez sur-le-champ.

CHARLOTTE RUSSE. *Dessert.* Foncez un moule et garnissez-en les parois avec des biscuits à la cuillère ; remplissez le moule avec de la crème fouettée, et entourez le moule avec de la glace. Au moment de servir on frotte légèrement le moule, on le renverse sur un plat, la charlotte en sort, et on la sert aussitôt.

CHEVREUIL EN CIVET. *Entrée.* Découpez les épaules et la poitrine d'un chevreuil; faites-les revenir dans du beurre; puis ôtez-les de la casserole, mettez de la farine dans le beurre et faites un roux. Remettez les morceaux de chevreuil dans la casserole, ajoutez poivre, sel, bouquet garni, mouillez avec moitié consommé et moitié vin blanc.

On peut ajouter à ce civet des champignons et de petits oignons revenus dans le beurre, et si l'on a pu recueillir un peu du sang du chevreuil, on s'en sert pour lier la sauce un peu avant d'ôter la casserole du feu. Certains cuisiniers ajoutent aussi à cette préparation une certaine dose de sucre, et c'est le plus sûr moyen d'en faire un mets détestable; mais les habitants du Nord, et particulièrement les Belges et les Hollandais, ne sont pas de cet avis.

CHEVREUIL (Côtelettes de). *Entrée.* Piquez des côtelettes de chevreuil avec du lard très-fin, et faites-les cuire à la braise (*V.* BRAISE). Dressez-les et étendez dessus un peu de glace de viande.

CHEVREUIL EN DAUBE. *Entrée.* Faites mariner un quartier de chevreuil dans de l'huile avec poivre, sel, oignons, fines herbes, thym, laurier, pendant quatre ou cinq heures; faites-le cuire ensuite dans une bonne braise. (*V.* BRAISE) et servez-le sur un peu du fond de cuisson réduit.

CHEVREUIL (Épaules de) ROULÉES. *Entrée.* Désossez les épaules d'un chevreuil; garnissez l'intérieur avec une farce de gibier (*V.* FARCE); puis roulez les épaules, ficelez-les solidement; faites-les cuire et servez-les comme il est dit à l'article précédent.

CHEVREUIL ROTI (Gigot de). *Rôt.* Piquez un gigot de chevreuil avec du lard fin, et faites-le mariner pendant vingt-quatre heures dans de l'huile, avec sel, oignons coupés en tranches, persil, thym, laurier, jus de citron. Mettez-le ensuite à la broche, et arrosez-le avec sa marinade pendant qu'il cuira. On le sert à sec et l'on sert à part le jus qu'il a rendu mêlé à la marinade avec laquelle il a été arrosé.

9.

Les débris d'un gigot de chevreuil rôti et refroidi se traitent comme ceux du gigot de mouton. (*V.* Mouton.)

CHICORÉE BLANCHE. *Entremets.* La chicorée blanche se mange le plus communément en salade; mais elle se mange aussi cuite, au gras et au maigre. Dans ces deux derniers cas, on fait cuire la chicorée dans de l'eau salée, puis on la fait égoutter et on la hache comme les épinards. (*V.* Épinards.) Étant cuite ainsi, pour la servir au gras, on la fait mijoter dans un peu de beurre; puis on y ajoute du consommé réduit, du jus de viande, une pincée de farine; on la dresse et on l'entoure de croûtons frits dans du beurre.

Si la chicorée doit être accommodée au maigre, on augmente la dose du beurre, on remplace le jus de viande et le consommé par de la crème, et l'on ajoute des jaunes d'œufs au moment de servir.

CHICORÉE SAUVAGE. *Entremets.* Elle ne se mange qu'en salade; on y ajoute ordinairement des fleurs de capucines.

CHOCOLAT. *Office.* Pour faire une tasse de chocolat, soit à l'eau, soit au lait, il faut au moins une tablette et demie (quarante-huit grammes). Mettez le chocolat dans la chocolatière après l'avoir cassé en trois ou quatre morceaux; pour chaque tasse que vous voulez faire, mettez une tasse et demie d'eau ou de lait; posez la chocolatière sur un feu ardent et remuez-le fréquemment avec le bâton à chocolat, en roulant ce dernier entre vos mains; faites ainsi bouillir le tout jusqu'à ce qu'il soit réduit d'un tiers, et servez. Certaines personnes, pour faire le chocolat au lait, commencent par le faire fondre dans de l'eau; c'est une mauvaise méthode qui n'aboutit qu'à mettre de l'eau dans le lait, lequel n'en est souvent que trop pourvu.

CHOUCROUTE. (*V.* Conservation des substances alimentaires.)

CHOUX A L'ALLEMANDE. *Entremets.* Parez et faites blanchir un chou en le jetant dans l'eau bouillante, hachez-le ensuite grossièrement, et faites-le cuire dans du consommé avec du petit lard et les saucisses, et versez dessus le consommé que vous aurez fait réduire.

CHOUX DE BRUXELLES. *Entremets.* Faites cuire les

choux de Bruxelles dans de l'eau et du sel ; égouttez-les; faites-les sauter dans d'excellent beurre frais, avec sel, poivre, jus de citron ; dressez-les, et versez dessus une sauce blonde. (*V.* Sauces.)

CHOUX A LA CRÈME. *Entremets.* Les choux étant blanchis et hachés grossièrement, on les fait sauter au beurre en les saupoudrant légèrement de farine et de sel; on mouille avec de la crème et on les fait cuire à petit feu.

CHOUX FARCIS. *Entremets.* Parez un chou en en ôtant les feuilles vertes et dures; plongez-le dans l'eau bouillante, et fendez le cœur en quatre sans l'ouvrir tout à fait ; garnissez l'intérieur et les interstices des feuilles avec de la chair à saucisses et des bandes de petit lard; mettez-les dans une casserole foncée de lard, avec des petites saucisses, oignons, des carottes, un bouquet garni; mouillez le tout avec du consommé, et faites-le cuire sur un feu modéré pendant quatre heures. Au moment de servir, dressez le chou, faites réduire et dégraissez le consommé dans lequel il a cuit, versez-le sur le chou et entourez ce dernier avec les saucisses.

CHOUX-FLEURS A LA SAUCE BLANCHE. *Entremets.* Epluchez, lavez, et faites cuire les choux-fleurs dans de l'eau salée; dressez-les sur un plat un peu creux, de manière à ce que la fleur soit en dessus et présente une surface unie, et versez dessus de la sauce blanche bien chaude. (*V.* Sauce.)

CHOUX-FLEURS A LA SAUCE BLONDE. *Entremets.* Ils se préparent comme il est dit à l'article précédent, en remplaçant la sauce blanche par une sauce blonde. (*V.* Sauce.)

CHOUX-FLEURS AU BEURRE. *Entremets.* Les choux-fleurs étant cuits comme il est dit ci-dessus, on les fait sauter au beurre dans une casserole avec un peu de sel et gros poivre.

CHOUX-FLEURS A LA CRÈME. *Entremets.* Faites cuire les choux-fleurs comme il est dit; dressez-les, versez dessus de la crème et saupoudrez-les avec de la chapelure mêlée d'un peu de sel et de poivre. Posez le plat sur un feu doux; couvrez-le avec un four de campagne et servez au bout de vingt minutes.

CHOUX-FLEURS FRITS. *Entremets.* Les choux-fleurs étant cuits dans de l'eau salée, sautez-les dans un peu de vinaigre, sel et poivre; trempez-les dans de la pâte à frire (*V.* PATE), faites-les frire et servez-les légèrement saupoudrés de sel fin.

CHOUX-FLEURS AU FROMAGE. *Entremets.* Râpez du fromage de Gruyère, mettez-en une certaine quantité dans de la sauce blanche (*V.* SAUCES), et remuez ce mélange. Trempez dans cette sauce les choux-fleurs cuits dans de l'eau salée; dressez-les, versez dessus le reste de la sauce et saupoudrez toute la surface avec du fromage râpé; étendez sur le tout du beurre coupé en tranches minces; saupoudrez ce beurre avec de la mie de pain. Posez ensuite le plat sur un feu doux; couvrez-le avec un four de campagne, et servez au bout de vingt minutes.

CHOUX-FLEURS AU GRATIN. *Entremets.* Ils se préparent comme les choux-fleurs au fromage, en supprimant toutefois le fromage. (*V.* l'article précédent.)

CHOUX-FLEURS AU JUS. *Entremets.* Les choux-fleurs étant cuits comme pour être mis à la sauce blanche, on les passe à la casserole avec un peu de beurre; on les saupoudre de farine et l'on verse dessus du jus de viande réduit. Dressez-les ensuite et versez le jus dessus.

CHOUX-FLEURS EN SALADE. *Entremets.* Faites cuire les choux-fleurs comme pour les mettre à la sauce blanche (*V.* plus haut); dressez-les, laissez-les refroidir et servez. On les assaisonne à table avec sel, poivre, huile et vinaigre.

CHOUX EN PATISSERIE. *Entremets.* Faites chauffer deux litres d'eau dans une casserole; ajoutez-y deux hectos de sucre, un peu de zeste de citron. Lorsque l'eau sera près d'entrer en ébullition vous la remuerez vivement d'une main avec une cuillère de bois, et de l'autre vous la saupoudrerez de farine et vous continuerez ainsi jusqu'à ce que cela forme une pâte épaisse. Laissez cuire cette pâte sans cesser de tourner. Jetez ensuite un peu de farine sur la table; versez la pâte dessus, maniez-la un instant, divisez-la en petits morceaux de la grosseur d'un œuf de pigeon, posez-les sur une plaque beurrée; dorez-les avec des œufs battus et faites-les cuire au four doux. Retirez-les au bord du four quand ils sont jaunes, afin de les saupoudrer de sucre ; renfournez-les, pour qu'ils se glacent. Les choux ainsi préparés, on fait une incision à chacun par un bout et on les remplit de frangipane. (*V.* ce mot.)

CHOUX (**Potage aux**). (*V.* POTAGE.)

CHOUX EN RAGOÛT. *Entremets.* Faites cuire les choux comme il est dit ci-dessus à l'article *Choux à l'Allemande*, et servez-les sans lard ni saucisses.

CHOUX ROUGES MARINÉS. *Entremets.* Parez des choux rouges ; coupez-les en petits filets bien minces, et faites-les blanchir dans de l'eau salée. Faites-les égoutter, mettez-les dans un vase de terre, et versez dessus de l'eau et du vinaigre par égales parties, de manière à ce que les choux en soient bien imprégnés. Lorsqu'ils ont ainsi mariné pendant deux heures, on les presse fortement pour en extraire l'eau et le vinaigre ; on les passe au beurre dans une casserole, on les arrose de consommé ou de jus de viande, et on les laisse cuire à petit feu.

CHOUX ROUGES PIQUÉS. *Entremets.* Après avoir fait blanchir des choux rouges, on les pique de gros lard, et on les fait cuire dans une casserole foncée de lard, en mouillant avec du fond de braise (*V.* BRAISE), ou du consommé.

CITROUILLE. (*V.* POTIRON.)

CIVET. (*V.* CHEVREUIL, LAPIN, LIÈVRE.)

COCHON (**Fromage de**). *Entrée.* Désossez une tête de cochon ; levez les couennes ; coupez toutes les autres parties par filets menus, et faites mariner le tout dans une terrine pendant deux jours, avec force sel, jus de citron, poivre, thym, laurier, ail, échalotes. Le temps nécessaire écoulé, on retire le tout de la marinade et on le fait cuire dans moitié consommé et moitié vin blanc, en ajoutant les os de la tête, sel, poivre, oignons, carottes. Après cinq heures de cuisson, faites égoutter les chairs ; foncez un moule avec les couennes ; arrangez les viandes coupées en filets de manière que les diverses parties soient bien entremêlées. Le moule étant aux trois-quarts plein, on pose sur la préparation un couvercle qui puisse entrer dans le moule, on met dessus un poids assez lourd afin que le fromage soit bien pressé, et on le met au four. Ce mets se sert froid, entouré de persil en branches.

COCHON DE LAIT ROTI. *Rôt.* Il est très-important, quand on tue un cochon de lait, de lui ouvrir les artères du cou, afin qu'il saigne abondamment; cela fait, on le plonge dans de l'eau presque bouillante, et on le frotte jusqu'à ce qu'on en ait enlevé tout le poil ou soies; on enlève aussi les sabots. On le vide ensuite; on hache son foie et ses rognons, que l'on mêle avec du lard haché, des oignons, des champignons, quelques échalotes également hachés, du poivre et du sel, et l'on fait de tout cela une farce dont on emplit le corps du cochon de lait. On trousse et on ficelle l'animal de manière à lui donner une belle forme, et on le met à la broche. Pendant la cuisson, on l'arrose d'abord avec de l'eau, à quatre ou cinq reprises, puis on jette cette eau; on arrose avec de l'huile, et l'on saupoudre toute la superficie de l'animal avec du sel fin. Il importe surtout que la peau du cochon de lait soit bien croquante quand on le sert.

COCHON (Langue de) **FOURRÉE.** *Hors-d'œuvre* (*V.* BOEUF —langue de), et opérez comme il est dit à cet article.

COCHON (Oreilles de). Flambez et échaudez des oreilles de cochon; faites-les cuire dans une bonne braise (*V.* BRAISE). Dressez-les sur une purée de pois ou de lentilles (*V.* PURÉE), et glacez-les avec de la glace de viande.

COCHON (Pieds de) **FARCIS.** *Entrée.* Fendez des pieds de cochon en deux, faites-les cuire dans du bouillon, désossez-les et coupez-les par morceaux. Vous aurez, d'autre part, une farce de volaille (*V.* FARCE) et des truffes cuites au vin, coupées par tranches très-minces. Étendez sur une table un morceau de crépine ou toilette de cochon; couvrez-la d'une couche de farce, et arrangez les morceaux de pieds dessus, en mettant alternativement un morceau, un peu de farce et quelques morceaux de truffes. Repliez la crépine, et donnez à chaque pied la forme d'une saucisse plate. Panez ces pieds en les trempant successivement dans du beurre fondu et de la mie de pain, et faites-les griller sur un feu doux.

On peut remplacer les truffes par des champignons.

On peut aussi farcir les pieds de cochon avec de la chair à saucisse assaisonnée de sel et poivre.

COCHON (Pieds de) A LA SAINTE-MENEHOULD. *Entrée.* Faites cuire les pieds comme il est dit à l'article précédent, faites-les égoutter et laissez-les refroidir sans les désosser, panez-les en les trempant successivement dans du beurre fondu et de la mie de pain mêlée d'un peu de sel fin ; faites-les griller, et servez.

COCHON (Queues de). *Entrée.* Faites cuire les queues de cochon comme les oreilles (*V.* ci-dessus), et dressez-les de la même manière.

COCHON (Rognons de). *Entrée.* Les rognons de cochon, soit grillés, soit sautés au vin, se préparent de la même manière que les rognons de mouton (*V.* MOUTON).

COINGS EN COMPOTE. *Dessert.* Les coings étant à moitié cuits dans l'eau, on les pelle, on les coupe en moyens quartiers, on en ôte le zeste et les pepins, puis on les met dans une bassine avec une quantité de sucre égale à leur poids, on verse de l'eau dessus jusqu'à ce qu'ils en soient couverts, et l'on fait bouillir le tout en l'écumant jusqu'à ce que les coings soient cuits. Retirez alors les coings, arrangez-les dans un compotier, et versez dessus le sirop après l'avoir fait réduire.

COMPOTES. (*V.* ABRICOTS, CERISES, COINGS, FRAISES, FRAMBOISES, GROSEILLE, PÊCHES, POIRES, POMMES, PRUNES, RAISIN.)

CONCOMBRES A LA BÉCHAMEL. *Entremets.* Pelez des concombres, fendez-les en deux ou en quatre, ôtez-en les pepins. Divisez-les ensuite en morceaux plus menus et faites-les cuire dans de l'eau avec sel et vinaigre; faites-les égoutter, dressez-les et versez dessus une sauce à la Béchamel (*V.* SAUCE).

CONCOMBRES FARCIS. *Entremets.* Pelez des concombres, coupez-les par un bout, afin de pouvoir en extraire les pepins, et emplissez-les avec une farce de volaille ou de poisson. Bouchez le trou avec un linge, et faites cuire les concombres ainsi préparés dans du consommé. Dressez-les après deux heures et demie de cuisson, faites réduire le consommé, et versez-le dessus.

CONCOMBRES FRITS. *Entremets.* Faites cuire les coucombres comme il est dit à l'article *Concombres à la Béchamel* (*V.* plus haut); trempez-les dans la pâte et faites-les frire (*V.* PATE A FRIRE).

CONCOMBRES A LA MAITRE D'HOTEL. *Entremets.* Après les avoir fait cuire comme ceux à la Béchamel (*V.* plus haut), on les met dans une casserole avec beurre, persil, ciboule, hachés, poivre, sel; on les fait sauter un instant et on les dresse.

CONCOMBRES A LA POULETTE. *Entremets.* Les concombres étant cuits comme ceux à la Béchamel (*V.* plus haut), on les met dans une casserole avec beurre et farine maniés ensemble; on mouille avec du consommé ou du lait; au moment de servir on lie la sauce avec des jaunes d'œufs, et on ajoute un peu de vinaigre.

CONCOMBRES EN SALADE. *Hors-d'œuvre.* Épluchez des concombres, ôtez-en les pepins; coupez-les par tranches minces et faites-les mariner pendant trois ou quatre heures dans du vinaigre, avec sel et poivre. Faites-les égoutter; ils s'assaisonnent à table avec huile et vinaigre.

CONFITURES. (*V.* ABRICOTS, CERISES, FRAISES, FRAMBOISES, GROSEILLES, POIRES, POMMES, PRUNES, RAISIN.)

CONGRE OU ANGUILLE DE MER. *Entrée.* Coupez une anguille de mer par tranches, et faites-les cuire aux trois-quarts dans du court-bouillon (*V.* COURT-BOUILLON). Faites griller ces tranches et servez-les à la sauce aux câpres ou à la tartare, ou sur une sauce tomate (*V.* SAUCE). Le congre peut aussi se traiter comme la raie (*V.* ce mot).

CONSOMMÉ. Si le consommé n'était, comme on le croit vulgairement, que du bouillon très-fort, il suffirait de faire réduire du bouillon par l'ébullition pour obtenir du consommé; mais le consommé véritable s'obtient tout autrement; voici comment il faut opérer.

Dans une marmite contenant dix litres mettez quatre kilos de bœuf, morceau de choix, aloyau ou gîte à la noix, ajoutez une poule, ou mieux, un chapon, et un jarret de veau, puis emplissez la marmite avec du bouillon froid, préparé comme il est dit à l'article spécial. Posez la marmite sur un feu doux; écumez soigneusement, et laissez bouillir le tout, doucement, pendant six heures. Enlevez ensuite les viandes et passez le consommé au tamis.

Le consommé ainsi préparé est une chose délicieuse; on en peut faire d'excellents potages, et on l'emploie avec avantage dans la composition d'un certain nombre de mets de haut goût; mais il ne convient qu'à des estomacs robustes; les sucs de viandes ainsi accumulés étant nécessairement de digestion peu facile.

Coq. Le coq ne peut être mangé que bouilli; on le met le plus communément dans le pot-au-feu pour augmenter la qualité du bouillon, et on peut à la rigueur le servir comme le chapon au gros sel (*V*. CHAPON).

Coq de bruyère. (*V*. FAISAN.) Le coq de bruyère se traite de la même manière.

Coq (Crêtes et rognons de). (*V*. GARNITURES.)

Cornichons. Choisissez des cornichons bien verts, frottez-les fortement l'un après l'autre avec un linge blanc; mettez-les dans une terrine, couvrez-les de sel et laissez-les ainsi pendant vingt-quatre heures. Essuyez-les de nouveau; arrangez-les dans des bocaux avec des petits oignons, de l'estragon, de la passe-pierre, de l'ail, des poivres-longs et de la coriandre concassée et enfermée dans un sachet de toile. Faites bouillir du vinaigre en quantité suffisante et versez-le bouillant sur les cornichons. Vingt-quatre heures après, versez de nouveau ce vinaigre dans une casserole, avec précaution et sans déranger les cornichons; faites-le bouillir une seconde fois, remettez le bouillon sur les cornichons; laissez refroidir, et bouchez bien les pots ou bocaux.

Coulis. Les coulis se divisent en deux grandes classes, les bruns et les blancs; il y a des subdivisions dans lesquelles les coulis prennent le nom de la couleur ou du principe qui y domine. Mais les deux grandes catégories sont le *coulis brun*, que l'on appelle dans quelques cuisines modernes *sauce grande espagnole*, et le *coulis blanc*, appelé aussi *velouté*; viennent après cela le *coulis d'écrevisses* qui, à cause de son excellence, devrait avoir le pas sur tous les autres; puis les coulis de poisson et de légumes.

Les grands coulis brun et blanc sont, avec le coulis d'écrevisses, les seuls qui doivent nous occuper, les autres n'étant que des modifications de ces trois principes.

COULIS BRUN OU GRANDE ESPAGNOLE. Dans une casserole de capacité suffisante, mettez un kilo et demi de
rouelle de veau, la moitié d'un jambon de moyenne taille,
et deux ou trois perdrix (le jambon et le veau coupés par
tranches); ajoutez deux ou trois carottes coupées en
rondelles, autant d'oignons, un peu de beurre, et posez
la casserole sur un feu très-ardent. Remuez de temps en
temps le contenu de la casserole afin que toutes ses parties soient à peu près également atteintes par le feu, puis
ajoutez-y un peu de consommé; diminuez un peu l'ardeur du feu, et laissez attacher les viandes au fond.
C'est ici le moment décisif, car, s'il faut que les viandes
s'attachent, il ne faut pas qu'elles brûlent; il importe
donc de saisir le moment où elles commencent à brunir
pour jeter dans la casserole un peu de lard fondu et une
cuillerée de farine. Dès lors il ne faut pas cesser de remuer cette préparation avec une cuillère de bois, jusqu'à
ce qu'elle ait acquis une couleur brune très-prononcée.
Ce degré étant atteint, on mouille le tout avec du bouillon, du consommé ou du fond de braise; on y ajoute
du poivre, des clous de girofle, du basilic, du persil, des
ciboules, des champignons et des truffes hachées, et on
laisse bouillir le tout pendant une heure, en écumant
soigneusement, après quoi il ne reste plus qu'à enlever
les viandes, dégraisser la sauce, la faire réduire et la
passer à l'étamine. Cette sauce est le *coulis brun*, une
des principales bases de toutes les opérations culinaires.
Ce que l'on appelle dans certaines cuisines *espagnole
travaillée,* n'est autre chose que du *coulis brun* ou
grande espagnole avec addition de *consommé* ou de *blanc
de veau,* le tout ayant bouilli ensemble.

COULIS BLANC OU VELOUTÉ. Le coulis blanc se fait à
peu près de la même manière que le coulis brun; le
veau y est admis en même quantité; mais on remplace
le jambon et les perdrix par deux poules grasses ou
deux chapons. Du reste la manière d'opérer est la même
que pour le coulis brun, et ce sont aussi les mêmes accessoires. La seule différence importante consiste à ne
pas laisser brunir le jus, lorsque les viandes commencent à s'attacher, et à mouiller la farine dont on a saupoudré les viandes avant que sa blancheur soit altérée.
Ce coulis s'emploie dans la confection d'un certain
nombre de mets mentionnés dans les chapitres suivants.

COULIS D'ÉCREVISSES. Faites un coulis brun d'après le procédé indiqué ci-dessus. D'autre part vous ferez cuire une trentaine d'écrevisses au court-bouillon. Épluchez les écrevisses dès qu'elles seront cuites, et pilez-en les écailles dans un mortier, en y ajoutant une douzaine d'amandes douces mondées. Lorsque le tout commencera à former une pâte, vous y ajouterez les queues d'écrevisses épluchées et pilerez de nouveau. Lorsque le tout formera une pâte bien homogène, versez dessus le coulis bouillant, en ayant soin de tourner d'une main, avec une cuillère en bois, le contenu du mortier, tandis que, de l'autre main, le coulis sera versé lentement. Le mélange étant opéré, vous passez la préparation à l'étamine.

Un savant gastronome a dit : « Le coulis est aux ragoûts ce que la physionomie est à l'homme. C'est lui qui leur donne l'esprit, la couleur et la vie. » Cela est vrai surtout du coulis d'écrevisses, qui est une des plus délicieuses choses que l'on puisse imaginer, et qui s'associe avec bonheur à toutes sortes de potages, de ragoûts et même de légumes.

On peut faire aussi des coulis au maigre, en remplaçant la viande par du poisson, soit un brochet et une anguille coupés par tronçons, et en opérant du reste comme pour le coulis brun au gras, et en remplaçant le consommé par du court-bouillon dans lequel on aura fait cuire du poisson (*V.* COURT-BOUILLON).

Quant à ce qu'on appelle, dans certaines cuisines, les *coulis de légumes*, ce n'est pas autre chose que des purées (*V.* ce mot).

COURT-BOUILLON. Mettez dans une grande casserole ou dans une poissonnière de l'eau et du vin blanc dans la proportion de deux parties de vin pour une partie d'eau; ajoutez du persil en branches, des carottes, des oignons, des panais coupés par tranches, thym, laurier, ail, sel et poivre. C'est dans cette préparation que se fait cuire le poisson qui doit être mangé *au bleu,* c'est-à-dire à l'huile. C'est aussi dans du court-bouillon ainsi préparé que l'on fait cuire les écrevisses et les homards. Lorsque la cuisson du poisson est terminée, il faut bien se garder de jeter le court-bouillon, ainsi que font les cuisiniers ignorants; on le garde pour s'en servir une autre fois. Chaque fois que l'on s'en sert, on renouvelle le persil, les oignons, carottes, panais, qui doivent être mis en moins grande quantité à mesure que le court-bouillon vieillit. On ajoute aussi, chaque fois que l'on s'en sert, l'eau et le vin dont la cuisson précédente a causé l'évaporation, de sorte que, dans une cuisine où le court-bouillon est employé fréquemment, cette préparation est perpétuelle, et plus elle s'éloigne de sa confection première, meilleure elle est; elle ne devient mauvaise que lorsque l'on est très-longtemps sans s'en servir.

CRABES. (*V.* HOMARD.) Les crabes et les homards se traitent absolument de la même manière.

CRÈME AU CAFÉ. *Entremets.* Dans un litre de lait mettez un demi-kilo de café brûlé concassé seulement et non moulu, et 150 grammes de sucre. Faites bouillir. Battez à part quatre jaunes d'œufs et deux œufs entiers. Lorsque le lait est bouillant, on le retire du feu, on y mêle les jaunes d'œufs et les œufs entiers en remuant bien le tout, et l'on passe cette préparation au tamis clair, puis on la met dans un plat; on pose ce plat sur une casserole pleine d'eau en ébullition. Lorsque la crème est prise, on la saupoudre de sucre râpé, et on glace avec un fer ou une pelle rouge.

CRÈME AU CARAMEL. *Entremets.* Elle se prépare comme la crème au café, seulement, au lieu de café, on y met une once de sucre réduit en caramel (*V.* CARAMEL).

CRÈME AU CÉLERI. *Entremets.* Opérez comme pour la crème au café, en remplaçant le café par une racine de céleri coupée par petits morceaux.

CRÈME AU CHOCOLAT. *Entremets.* Elle se prépare comme la crème au café, avec cette différence que l'on remplace le café par du chocolat, et que l'on fait bouillir lait et chocolat dans une chocolatière, comme s'il s'agissait de faire simplement du chocolat au lait (*V.* CHOCOLAT).

CRÈME AU CITRON. *Entremets.* Opérez comme pour la crème au café (*V.* plus haut), en remplaçant le café par du zeste de citron, et ne mettant le zeste dans le lait qu'après que ce dernier a bouilli.

Nota. Les crèmes à l'orange, à la fleur d'oranger, au

thé, à la rose, à la vanille, se préparent de la même manière.

CRÈME FOUETTÉE. *Entremets.* (*V.* FROMAGE A LA CHANTILLY.)

CRÈME FRITE. *Entremets.* Faites une crème pâtissière (*V.* l'article ci-après), laissez-la refroidir ; coupez-la par morceaux larges et épais comme des pièces de cinq francs. Battez des jaunes d'œufs avec du sucre en poudre et un peu d'eau de fleur d'oranger. Trempez les morceaux de crème dans les jaunes d'œufs, puis dans de la mie de pain, et faites-les frire ; saupoudrez-les de sucre et servez.

CRÈME PATISSIÈRE. *Entremets.* Mettez dans une casserolle deux cuillerées de farine ; délayez-les avec six jaunes d'œufs ; ajoutez un peu de sel, un litre de lait bouillant ; mettez la casserole sur le feu et tournez la préparation avec une cuillère de bois, jusqu'à ce qu'elle ait acquis une certaine épaisseur ; ajoutez-y alors un hecto de beurre fondu et écumé, deux hectos de sucre ; un peu de vanille pulvérisée. Tournez encore pendant quelques instants ; puis versez la crème dans un vase et laissez-la refroidir.

On peut, pour cette crème, comme pour les précédentes, substituer à la vanille de l'eau de rose, de l'eau de fleur d'oranger, du café, du chocolat, etc.

CRÊPES. *Entremets.* Délayez un demi-litre de farine avec quatre jaunes d'œufs, un petit verre d'eau-de-vie, et moitié bière et moitié eau, jusqu'à ce que le tout forme une pâte très-liquide, ou plutôt une sorte de crème. Laissez reposer cette préparation pendant deux heures. Faites alors un feu bien clair à l'âtre, mettez dans une poêle, gros comme la moitié d'un bouchon de saindoux, faites-le fondre et versez quelques cuillerées de pâte dans la poêle en l'inclinant successivement de tous les côtés pour qu'elle s'étende bien. Tenez la poêle sur la flamme, remuez de temps en temps, et lorsque la crêpe commence à rendre un son sec, faites-la sauter pour la retourner. Lorsqu'elle est cuite également des deux côtés, dressez-la et passez à une autre. Les crêpes se mangent ordinairement au coin du feu, au fur et à mesure qu'elles sortent de la poêle.

CROQUETTES. (*V.* LAPEREAU, RIZ, VEAU, VOLAILLE.)

CROQUIGNOLLES. *Dessert.* Pétrissez un demi-kilo de farine avec quinze blancs d'œufs, un kilo de sucre en poudre, 30 grammes de beurre, un peu d'eau de fleur d'oranger ou de fleur d'oranger pralinée et pulvérisée. Faites du tout une pâte très-épaisse, divisez-la en morceaux du diamètre d'une pièce de deux francs et d'un demi-pouce de haut. Coupez ces morceaux dans des jaunes d'œufs, arrangez-les sur des plaques beurrées, et faites-les cuire au four doux.

CROUSTADE. (*V.* VOLAILLE.)

CROUTES AUX ABRICOTS. *Entremets.* Coupez de la mie de pain par tranches larges et très-minces, et couvrez-en le fond d'une tourtière que vous aurez préalablement beurré. Coupez les abricots en deux, ôtez-en les noyaux, arrangez ces moitiés sur les mies de pain de manière que l'intérieur du fruit soit en-dessus. Mettez dans chaque moitié d'abricot un peu de beurre et de sucre en poudre. Posez la tourtière sur un feu très-doux et couvrez-la avec un four de campagne très-chaud. Levez de temps en temps le four de campagne pour saupoudrer les abricots avec du sucre. Le tout étant cuit, on enlève les mies de pain et les abricots sans les séparer, on les dresse et on les arrose avec le sirop qui se trouve au fond de la tourtière.

On prépare de la même manière les croûtes aux pêches et aux prunes.

CROUTES AUX CHAMPIGNONS. *Entremets.* Prenez la croûte de dessus de deux petits pains à café, ôtez-en toute la mie et faites-les frire dans du beurre frais. D'autre part, vous ferez un ragoût de champignons (*V.* CHAMPIGNONS EN RAGOUT). Dressez les croûtes, versez dessus le ragoût et servez.

CROUTONS. (*V.* GARNITURES.)

DINDE EN DAUBE. *Entrée.* Piquez une dinde avec des lardons de moyenne grosseur, et après l'avoir troussée, bridée, mettez-la dans une daubière foncée avec des tranches de lard. Ajoutez la moitié d'un pied de veau, des carottes, des oignons, un bouquet garni, poivre et mouillez avec deux tiers de consommé et un tiers de vin blanc. Couvrez la daubière, entez le couvercle avec de la pâte et faites cuire pendant six heures sur un feu bien entretenu, sans être trop vif. Retirez la dinde, dégraissez, passez et faites réduire le fond de cuisson, et versez-le dessus. Si la dinde en daube doit être mangée froide, ce qui est le plus ordinaire, on clarifie le fond de cuisson en y ajoutant un blanc d'œuf battu dans un demi-verre d'eau et on le laisse prendre en gelée. Au moment de servir, on entoure la dinde avec cette gelée.

DINDE (Cuisses de) EN PAPILLOTES. *Entrée.* Elles s'accommodent comme les cuisses de poulet (*V.* POULET).

DINDE AUX TRUFFES. *Rôt ou entrée.* Lavez et pelez deux kilogrammes de truffes; hachez-en un demi-kilo et laissez les autres entières. Mettez toutes ces truffes dans une casserole avec un demi-kilo de lard haché, thym, laurier, sel, épices; faites sauter ces truffes pendant une demi-heure sur un feu vif, puis laissez-les refroidir, et emplissez le corps de la dinde avec cette préparation. Troussez et bardez la dinde et laissez-la en cet état pendant deux jours. Ce temps écoulé, vous pourrez la mettre à la broche, si vous voulez la servir comme rôt; si, elle doit figurer comme entrée, vous la ferez cuire à la braise (*V. ce mot*), et au moment de servir, vous verserez dessus une partie du fond de cuisson dégraissé, passé et réduit.

DINDE (Ailerons de) BRAISÉS. *Entrée.* Jetez des ailerons de dinde dans de l'eau bouillante, afin d'enlever facilement ensuite le duvet qui les couvre, et faites-les cuire dans une bonne braise (*V.* BRAISE). Dressez-les et versez dessus un peu de fond de cuisson dégraissé, passé et réduit.

DINDE (Ailerons de) EN FRICASSÉE DE POULET. *Entrée.* (*V.* POULET, Fricassée de), et opérez comme il est dit à cet article.

DINDE (Ailerons de) GRILLÉS. *Entrée.* Faites cuire les ailerons à la braise (*V.* ci-dessus), panez-les en les trempant successivement dans du beurre fondu et dans de la mie de pain mêlée d'un peu de sel, puis dans des jaunes d'œufs battus, et une seconde fois dans la mie de pain. Faites-les griller et dressez-les sur une maître-d'hôtel, sur une sauce piquante ou sur une sauce tomate. (*V.* SAUCE.)

DINDON. Il se traite absolument comme la dinde (*V.* ci-dessus).

DINDONNEAU. (*V.* DINDE.) Le dindonneau se truffe et se fait cuire de la même manière; mais il faut moins de temps pour le cuire.

DUCHESSES. (*V.* POMMES DE TERRE.)

ECREVISSES. *Entremets.* Videz les écrevisses en tirant doucement les deux nageoires du milieu, au bout de la queue, auxquelles est attaché une espèce de boyau de la grosseur d'un fil et d'un goût désagréable. Jetez les écrevisses toutes vivantes dans du court-bouillon bouillant et bien corsé. On les retire dès qu'elles ont pris une belle couleur rouge; on les fait égoutter et on les dresse en forme de buisson sur du persil.

ECREVISSE (Bisque d'). (*V.* COULIS et POTAGE.)

ECREVISSE (Boudin d'). *Entrée.* Après avoir fait cuire et égoutter les écrevisses comme il est dit ci-dessus, épluchez-en les queues et coupez-les en petits dés, coupez de la même manière des blancs de volaille cuits. Pilez les écailles des écrevisses jusqu'à ce qu'elles forment une pâte, et mêlez-les avec du beurre frais. Mettez ensuite dans une casserole les chairs coupées en dés, les écailles pétries avec le beurre, un peu de mie de pain, des ris de veau, des jaunes d'œufs, sel, poivre, un peu de coulis brun ou blanc (*V.* COULIS). Faites sauter le tout un instant, afin de le bien mêler, et entonnez cette préparation dans des boyaux de cochon bien échaudés. Ce boudin se sert grillé; il faut le ciseler légèrement avant de le mettre sur le gril.

EGLEFIN. Ce poisson ressemble au cabillaud, et il se traite de la même manière (*V.* CABILLAUD).

EPERLANS. (*Entrée et Rôt*). Les éperlans ressemblent beaucoup aux merlans, seulement ils sont plus petits et plus délicats. Ils se mangent au gratin ou se font frire comme les merlans (*V.* ce mot).

EPINARDS. *Entremets.* Epluchez et lavez des épinards, et faites-les cuire en les jetant dans de l'eau bouillante avec un peu de sel. Quand ils sont cuits, on les retire;

on les presse bien pour en extraire l'eau, et on les hache
très-menu.

Si les épinards doivent être mangés au gras, quand ils
sont ainsi cuits, on les met dans une casserole et on les
fait revenir dans du beurre, puis on ajoute du jus de
viande, un peu de coulis blanc ou brun, on les laisse
mijoter pendant une demi-heure sur un feu doux, puis
on les dresse et on les entoure de croûtons frits (*V.* GAR-
NITURES).

Si les épinards doivent être mangés au maigre, on n'y
met ni jus ni coulis, mais on augmente la dose de beurre
et l'on ajoute de la crème et du sucre en poudre.

EPINE-VINETTE. (*Office*). L'épine-vinette est un petit
fruit rouge dont on fait des confitures, elle se traite, dans
ce cas, comme les groseilles (*V.* ce mot).

ESCALOPES. (*Entrée*). On nomme escalopes, de petits
morceaux de viande et de poisson, minces et taillés uni-
formément. Le veau et le saumon sont la viande et le
poisson que l'on met le plus ordinairement en escalope
(*V.* VEAU, SAUMON).

ESCARGOTS. *Entrée.* Jetez les escargots dans de l'eau
bouillante mêlée de cendres de bois, et laissez-les bouillir
jusqu'à ce qu'il soit facile de les ôter de leur coquille.
Retirez-les alors des coquilles et lavez-les longuement
dans de l'eau fraîche en changeant l'eau à plusieurs reprises. Faites-les sauter dans du beurre, saupoudrez-les
de farine et mouillez avec moitié vin blanc et moitié
consommé. Ajoutez sel, poivre, bouquet garni, champignons et laissez cuire le tout pendant une heure. Liez
la sauce avec des jaunes d'œufs, après l'avoir retirée du
feu, et dressez.

On peut aussi, en opérant de la même manière, laisser
les escargots dans leur coquille. Il faut alors redoubler
de soin pour les bien nettoyer. Cette dernière méthode
est la moins usitée.

ESSENCE D'ANCHOIS. Lavez des anchois, faites-les
bouillir dans de l'eau jusqu'à ce qu'ils soient dissous,
passez cette préparation en la pressant dans un linge et
mettez-la en bouteille pour vous en servir au besoin.

ESSENCE D'ASSAISONNEMENT. Faites bouillir dans du
vin blanc, avec poivre, sel, épices, de la coriandre concassée, des échalotes, de l'estragon, du persil, du cer-

10.

feuil, des carottes, des oignons, thym, laurier, clous de
girofle, muscade. Lorsque le tout a bouilli pendant deux
heures, on pose le poêlon sur le bord du fourneau ou
sur de la cendre chaude, de manière à ce que la prépa-
tion se tienne chaude sans bouillir pendant six heures.
On passe alors cette préparation en la serrant dans un
linge et on la met en bouteille pour s'en servir au besoin.

ESSENCE DE CHAMPIGNONS. Épluchez des champignons, mettez-les dans une terrine, couvrez-les de sel,
et laissez-les ainsi pendant vingt-quatre heures. Ce temps
expiré, pressez fortement les champignons pour en obtenir le suc, ajoutez à ce suc poivre, épices, clous de girofle, un peu d'eau et faites bouillir le tout en l'écumant
soigneusement. Passez cette préparation et mettez-la en
bouteille pour vous en servir au besoin.

Nota. Les essences ci-dessus ne s'emploient qu'en
très-petite quantité, et en vue seulement de relever le
goût des mets dans lesquels on les fait entrer. Elles se
conservent d'autant mieux qu'elles ont subi un plus
haut degré de cuisson; cependant il est prudent, avant
de s'en servir, quand elles ont été gardées pendant un
certain temps, de s'assurer qu'elles ne sont point cor-
rompues.

ESSENCE DE GIBIER. Dans une casserole de capacité
suffisante, mettez un lièvre et deux perdrix, quelques
carottes et oignons, une feuille de laurier, un peu de
thym, deux clous de girofle; mouillez le tout avec une
bouteille de bon vin blanc, et posez la casserole sur un
feu ardent. La réduction se fera rapidement, et bientôt
le vin et le jus que le gibier aura rendu formeront une
glace brune; laissez réduire cette glace elle-même jusqu'à
ce que les viandes commencent à s'attacher, mouillez
alors avec du consommé, couvrez la casserole et faites
bouillir avec feu dessus et dessous jusqu'à ce que le gibier soit complétement cuit. Enlevez ensuite le lièvre et
les perdrix et passez à l'étamine tout le contenu liquide
de la casserole. Ce contenu sera une excellente essence
de gibier. On comprend néanmoins que cette essence
peut s'obtenir dans d'autres proportions, et être plus ou
moins forte, selon que, pour la même quantité de liquide,
on emploiera plus ou moins de gibier. Les proportions

que nous indiquons ne sont qu'une sorte de terme moyen auquel on n'est pas obligé de se tenir.

ESSENCE DE JAMBON. Elle se prépare comme l'essence de gibier, en remplaçant le gibier par du jambon (*V. ci-dessus*).

ESSENCE DE VOLAILLE. Elle se prépare comme l'essence de gibier, en remplaçant le gibier par de la volaille (*V. plus haut*).

ESTURGEON. (*V. SAUMON.*) Ces deux poissons se traitent de la même manière.

FAISAN. Pour le rôt, le faisan, si c'est un coq, doit être piqué de lard fin, si c'est une poule, il suffit de la larder. L'un et l'autre peuvent être truffés, et l'on opère, dans ce cas, comme pour la dinde (*V. DINDE TRUFFÉE*). Le faisan, coq ou poule, peuvent aussi se faire cuire à la braise (*V. BRAISE*), ou se mettre en daube, comme la dinde (*V. DINDE EN DAUBE*). Enfin, l'un et l'autre peuvent se mettre en salmis.

FAISANDEAUX. Se traitent comme les faisans. Faisans et faisandeaux doivent être tués depuis plusieurs jours quand on les prépare.

FARCE DE VOLAILLE. — FARCE DE POISSON. Pour la *Farce de volaille*, faites bouillir des tranches de mie de pain dans du consommé, laissez-les égoutter ensuite et pilez-les dans un mortier ; pilez à part une quantité égale de blancs de volaille, puis réunissez ces deux préparations dans le même mortier, ajoutez-y autant de tétine de veau qu'il y a de mie de pain, des jaunes d'œufs, un peu de sel, du persil haché très-fin, et pilez de nouveau jusqu'à ce que le tout forme une pâte bien unie.

La *Farce de poisson* se fait de la même manière, en substituant des tronçons de carpe ou de brochet à la viande, en remplaçant la graisse par une omelette à moitié cuite, et en mouillant le tout avec un peu de bouillon de poisson.

Les *Farces crues* ne diffèrent des *Farces cuites*, qu'en ce qu'on emploie à leur confection la viande et le poisson crus.

FEUILLETAGE. (*V.* PATE.)

FÈVES A LA BOURGEOISE. *Entremets.* Faites cuire les fèves à moitié dans de l'eau bien salée, puis faites-les égoutter ; passez-les au beurre dans une casserole en les saupoudrant légèrement de farine ; mouillez avec du consommé, ajoutez de la sarriette, un bouquet garni, sel, et laissez-les achever de cuire. Au moment de servir, on y ajoute une liaison de jaunes d'œufs.

FÈVES EN PURÉE. (*V.* PURÉE.)

FINANCIÈRE (Ragoût à la). *Entrée.* Mouillez un roux un peu foncé avec du consommé et un peu de vin blanc, mettez dedans des champignons, des morceaux de cul d'artichaut, des truffes, des crêtes et des rognons de coq, des ris de veau, le tout au trois-quarts cuit ; sel, poivre, bouquet garni, faites bouillir pendant vingt minutes, et dressez.

FLAN. *Entremets.* Faites une crème pâtissière (*V.* ce mot), versez-la dans une tourtière bien beurrée, mettez la tourtière sur un feu doux et couvrez-la avec un four de campagne, ôtez le four au bout de quelques minutes, semez du sucre en poudre sur le flan et remettez le four ; ôtez le flan du feu quand il sera de belle couleur, et faites-le glisser sur un plat.

FLEUR D'ORANGER PRALINÉE. *Office.* Faites blanchir des pétales de fleurs d'oranger en les jetant dans de l'eau bouillante, puis faites un sirop de sucre cuit au petit boulet, mettez les fleurs d'oranger dedans et remuez constamment jusqu'à ce que le sucre se forme en sable. Retirez les fleurs d'oranger, et faites-les sécher.

FRAISES (Confitures de). *Dessert.* Après avoir clarifié un kilogramme de sucre, et l'avoir fait cuire au petit boulet (*V.* SUCRE), on jette dans ce sirop bouillant un kilogramme de fraises bien épluchées, on les laisse bouillir un quart d'heure en écumant soigneusement ; on met ensuite les confitures dans des pots, et quand elles sont refroidies, on sème à la superficie un peu de sucre en poudre et l'on applique sur cette surface un rond de papier trempé dans de l'eau-de-vie. Il faut ensuite couvrir les pots avec du parchemin solidement ficelé.

FRAISES ET FRAMBOISES (Compote de). *Dessert.* Clarifiez un kilogramme de sucre comme il est dit à l'article précédent, jetez dedans un kilo de fraises et de framboises bien épluchées. Elles ne doivent faire qu'un bouillon ; on les retire alors, on les dresse dans un compotier, on laisse réduire le sirop, on le verse sur les fraises et les framboises, et on laisse refroidir cette compote dans un lieu sec. On peut traiter ainsi séparément les fraises et les framboises.

FRANGIPANE. *Entremets.* Délayez quatre cuillerées de farine avec six œufs entiers. Délayez ensuite cette préparation première avec un litre de lait, ajoutez-y deux hectos de sucre, un peu de fleur d'oranger et quelques macarons pulvérisés. Mettez le tout sur le feu, et tournez sans cesse avec une cuillère de bois. Lorsque cette préparation a acquis une épaisseur suffisante, on la verse dans un vase et on la laisse refroidir. La frangipane ainsi préparée sert à garnir plusieurs sortes de gâteaux tels que tartes, tourtes, petits choux, etc.

FRICANDEAU. *Entrée.* Le fricandeau n'est autre chose que de la rouelle de veau bien parée, coupée en tranches peu épaisses, que l'on pique de lard fin et que l'on fait cuire dans une bonne braise (*V.* BRAISE). On dresse le fricandeau sur un peu de fond de braise passé, dégraissé et réduit, ou bien sur une purée d'oseille (*V.* PURÉE), ou bien encore sur une sauce tomate ou sur des épinards au jus. Dans tous les cas il faut le dorer avec de la glace de viande au moment de le servir.

FRICANDEAU DE SAUMON. *Entrée.* Coupez le saumon par tranches, et opérez de tout point comme il est dit à l'article précédent.

FRICASSÉE DE POULET. (*V.* POULET.)

FRITURE. *Manière de la faire et de s'en servir.* Coupez par morceaux très-menus et dans une proportion égale, de la panne de bœuf, de la panne de cochon et de la panne de veau. Faites fondre le tout dans une casserole sur un feu ardent ; enlevez l'écume au fur et à mesure qu'elle se forme à la surface, et laissez chauffer jusqu'à ce que la graisse bouille. Tirez-la à clair ensuite ; ce sera d'excellente friture.

Pour faire frire quoi que ce soit, il ne faut mettre dans la friture l'objet que l'on veut faire frire que lorsque cette friture commence à fumer, ou bien, ce qui est plus

sûr, lorsqu'en jetant une goutte d'eau dedans, elle fait
entendre un vif pétillement. La friture se fait mal sur
un fourneau; elle réussit mieux à l'âtre, sur un feu clair
et vif. Le temps de cuisson des pièces que l'on fait frire
dépend de leur grosseur; mais dans tous les cas il ne
faut pas les retirer avant qu'elles aient pris une belle
couleur jaune foncé. Lorsqu'on retire la friture du feu
pour la remettre dans le pot où on la conserve, il faut
la tirer à clair soigneusement. Il est aussi très-important
d'avoir de la friture dans deux vases bien distincts,
attendu que celle qui a servi à faire frire du poisson ne
peut plus dès lors servir à autre chose.

FROMAGE A LA CHANTILLY. *Dessert.* Dans un litre de
bonne crème double, mettez deux blancs d'œufs; battez
le tout jusqu'à ce que cela prenne en neige; alors, sans
cesser de fouetter cette crème, vous y ajoutez une demi-
livre de sucre en poudre et de la fleur d'oranger pralinée
et pulvérisée. Dressez ensuite cette crème en forme de
pyramide, et servez. Le même fromage peut se faire à la
vanille, à la rose, au café, etc., en remplaçant la fleur
d'oranger pralinée, par un peu d'essence de rose, ou par
de la vanille pulvérisée, une décoction de café, etc. On
peut aussi faire ce fromage aux fraises et aux framboises,
en y mêlant le jus de ces fruits passé au tamis. Dans ce
cas, il faut augmenter un peu la dose de sucre.

GALANTINE D'AGNEAU. *Relevé.* Après avoir désossé un
agneau entier, enlevez les chairs des gigots, des épaules,
et le filet. Coupez ces chairs en forme de gros lardons,
coupez de la même manière du lard et du jambon. Faites,
d'autre part, une quantité suffisante de godiveau (*V.* Go-
DIVEAU). L'agneau étant bien étendu, vous saupoudrez
l'intérieur de poivre et de sel fin, puis vous étendez sur
cette surface intérieure une couche de godiveau; vous
faites une autre couche avec les chairs, le jambon et le
lard, en plaçant successivement l'un à côté de l'autre
un filet de chair, un filet de lard et un filet de jambon,
et çà et là quelques morceaux de truffes lavées et pelées.
Après avoir fait une seconde couche de godiveau, et une
autre de filet de viande, lard, etc., on roule l'agneau, on
le ficèle solidement de manière à lui donner la forme
d'un gros saucisson, et on le fait cuire à la braise (*V.*

Braise) en ajoutant à cette braise un pied de veau. Il faut au moins six heures de cuisson. Ce temps écoulé, on retire la galantine, on la fait égoutter et on la laisse refroidir.

Passez et dégraissez le fond de cuisson, ajoutez-y trois ou quatre blancs d'œufs fouettés dans deux verres d'eau, remettez cette préparation sur ce feu en la fouettant doucement jusqu'à ce qu'elle bouille; faites-la réduire, passez-la dans une serviette et laissez-la se congeler. La galantine se sert froide avec cette gelée.

GALANTINE DE COCHON DE LAIT. *Relevé.* Après avoir bien échaudé le cochon de lait, de manière à ce qu'il soit complétement débarrassé de ses poils ou soies, désossez-le, à l'exception de la tête et des pieds. Opérez du reste comme pour la galantine d'agneau (*V. l'article précédent*), et ficelez le cochon de lait ainsi préparé de manière à lui rendre à peu près sa forme première. Faites-le cuire et préparez la gelée, comme il est dit à l'article précédent.

GALANTINE DE VEAU. *Relevé.* Désossez une épaule de veau, et opérez du reste avec cette épaule comme il est dit à l'article *Galantine d'agneau* (*V. ci-dessus*).

GALANTINE DE VOLAILLE. *Relevé.* Désossez une volaille sans en endommager la peau, et opérez comme il est dit à l'article *Galantine d'agneau* (*V. ci-dessus*), en remplaçant le jambon par de la rouelle de veau.

GALETTE DE LORRAINE. *Entremets.* Pétrissez deux litres de farine avec six œufs, un demi-kilo de beurre et un peu de sel. Etendez la pâte de manière à ce qu'elle n'ait que trois centimètres d'épaisseur, relevez-en les bords, et mettez-la au four. La galette étant à moitié cuite, on la retire et l'on verse dessus un mélange d'un demi-litre de crème, de quatre œufs et d'un peu de sel battus ensemble. On pose sur cette crème, de distance en distance, de petits morceaux de beurre, puis on remet la galette au four, d'où on la retire vingt minutes après.

GALETTE DE PLOMB. *Entremets.* Pétrissez deux litres de farine avec un kilo de beurre, sept ou huit œufs, un quart de litre de lait, 30 grammes de sel et autant de sucre en poudre; relevez et roulez la pâte deux fois, puis laissez-la reposer pendant vingt minutes, et étendez-la au rouleau deux autres fois, de manière à lui donner cinq

11

centimètres d'épaisseur, au dernier tour de rouleau rayez le dessus de la galette, dorez-le avec des œufs battus, et mettez-la au four.

GARBURE. (*V.* POTAGES.)

GARNITURES. On appelle *garnitures* toutes les substances qui entrent comme accessoires dans la composition des mets, telles que *champignons, crêtes et rognons de coq, croûtons, culs d'artichauds, écrevisses, foies gras, laitances de carpes, truffes.* On comprend que, pour servir de garnitures, ces diverses substances doivent subir une préparation quelconque. Voici, sur ce point, une instruction suffisante :

Champignons. Ils doivent être blanchis à l'eau salée avec un peu de vinaigre et cuits dans du consommé.

Crêtes et rognons de coq. Ils doivent avoir été cuits dans un tiers de consommé, un tiers de coulis brun, un tiers de vin blanc, avec bouquet garni, sel et gros poivre.

Croûtons. On taille de la mie de pain en losange et on la fait frire dans le beurre.

Ecrevisses. Voyez ce mot à la lettre E et opérez comme il est dit à cet article.

Foies gras. Ils se traitent comme les crêtes et rognons de coq (*V. ci-dessus*).

Laitances de carpes. Elles se traitent comme les crêtes et rognons de coq, en substituant du coulis blanc au coulis brun.

Truffes. Après avoir pelé des truffes, on les coupe par tranches, on les passe au beurre, avec persil, ciboule, ail, girofle, thym, laurier, sel et poivre. Le beurre étant entièrement fondu, on saupoudre les truffes d'un peu de farine; on mouille avec moitié consommé et moitié vin blanc. On fait bouillir pendant une demi-heure, et l'on ajoute un peu de coulis brun au moment de retirer la casserole du feu.

Nota. On considère encore comme garnitures différents ragoûts, tels que : *ragoût de champignons, ragoût de choux, ragoût à la financière,* etc. (*V.* pour ces divers ragoûts, les mots CHAMPIGNONS, CHOUX, FINANCIÈRE, etc.)

GATEAU d'amandes, de **Madelaine**, de pommes, de pommes de terre, de riz, de volaille. (*V.* AMANDES, MADELAINE, POMMES, POMMES DE TERRE, RIZ, VOLAILLE.)

GAUFRES. *Dessert.* Délayez un litre de farine avec du lait jusqu'à ce que cela forme une bouillie claire; ajoutez-y un peu de sel, un petit verre d'eau-de-vie, six œufs entiers, deux cuillerées d'huile fine. Mêlez bien le tout. Faites chauffer un moule à gaufres; graissez-en l'intérieur avec un peu de saindoux, emplissez le moule avec la pâte ci-dessus, et faites cuire en posant le moule sur un brasier bien ardent; retournez le moule au bout d'une minute; laissez-le sur le feu une autre minute; faites-en sortir la gaufre, qui doit être d'un beau jaune, et recommencez. Lorsque les gaufres sortent du moule, on peut les rouler ou les tourner en cornets.

GELÉES dites D'ENTREMETS. Ces gelées ne sont, à vrai dire, qu'un sirop aromatisé auquel on donne de la consistance à l'aide de la colle de poisson. Voici la manière d'opérer pour obtenir ces mets, qui, généralement, sont bien plus agréables à l'œil qu'au goût. Faites un sirop de sucre en clarifiant un kilo de sucre dans un demi-litre d'eau. D'autre part, vous aurez fait dissoudre 3o grammes de colle de poisson dans un demi-verre d'eau. Mêlez la colle de poisson avec le sirop, et donnez à cette gelée le parfum que vous voudrez, en y ajoutant soit de l'essence de rose, de l'eau de fleur d'oranger, de la vanille, du rhum, du kirch, de l'anisette, etc., et laissez prendre la gelée, après l'avoir versée dans des vases de verre.

GELÉE DE GROSEILLES. *Dessert.* (*V.* GROSEILLES; et pour les autres gelées de fruits, au nom de ces fruits.)

GELINOTTE. *Rôt.* La gelinotte se mange ordinairement rôtie, et elle se fait rôtir comme le faisan (*V.* FAISAN).

GENIÈVRE (Ratafia de). *Office.* Faites infuser dans trois litres d'eau-de-vie un hecto de graines de genièvre concassé; ajoutez de la coriandre concassée, de la cannelle, quelques clous de girofle et un demi-kilo de sucre. Laissez le tout en repos pendant deux mois dans une cruche de grès. Au bout de ce temps, filtrez la liqueur au papier gris, et mettez-la en bouteilles.

GIGOT DE MOUTON (*V.* MOUTON).

GIRAUMON (*V.* POTIRON). Le giraumon se traite de la même manière.

GLACES. *Office.* Les glaces se divisent en deux catégories bien distinctes : *glaces aux crèmes* et *glaces aux fruits.*

Pour les *glaces aux crèmes,* il n'y a qu'une seule et unique recette, la voici : Mettez dans un poêlon de cuivre rouge non étamé deux litres de lait le plus pur possible ; d'autre part, battez douze jaunes d'œufs avec un kilo de sucre en poudre ; mettez ces œufs battus dans le lait ; posez le poêlon sur le feu, et tournez ce mélange avec une cuillère de bois, jusqu'à ce que la crème couvre le dos de la cuillère, lorsque vous la sortirez du poêlon. Retirez alors la crème du feu ; laissez-la refroidir ; mettez-la dans une sorbetière ; placez cette sorbetière dans un seau ; entourez-la de glace pilée mêlée de sel de cuisine ou de salpêtre. Faites tourner vivement la sorbetière ; découvrez-la de temps en temps pour détacher avec une houlette ce qui s'attache sur les parois de la sorbetière. Le tout étant pris en glace, il faut l'agiter, le mêler, le triturer avec la houlette ; c'est ce qui s'appelle *travailler la glace.* Lorsque la composition ainsi travaillée est moelleuse, unie, l'opération est terminée ; il ne reste qu'à entretenir la crème en cet état, en renouvelant autour de la sorbetière la glace pilée et le sel, à mesure qu'ils fondent.

Les glaces obtenues par ce procédé se nomment *glaces de crème blanche ;* mais la crème blanche est le principe de toutes les autres : il suffit d'y faire infuser un peu de vanille, d'y mêler un peu d'essence de roses, ou une décoction de café, ou bien encore du marasquin, du chocolat, de la fleur d'oranger pralinée, de la vanille pulvérisée, pour qu'elle prenne les noms de ces diverses substances.

Quant aux *glaces aux fruits,* il faut mêler le suc des fruits écrasés et passés au tamis, à une égale quantité de sirop cuit à la plume (*V.* SUCRE). On mêle bien le tout et l'on opère comme il est dit ci-dessus. On peut, pour certains fruits, comme pêches, abricots, ajouter un peu d'eau à leur suc pour les aider à passer au tamis.

GLACE DE VIANDE. Clarifiez un fond de braise (*V.* BRAISE), en le faisant bouillir avec des blancs d'œufs battus dans un verre d'eau et le passant ensuite dans une serviette. Remettez cette préparation sur le feu, et laissez-la réduire jusqu'à ce qu'elle ait la consistance d'une sauce. C'est à cette espèce de sauce qu'on donne le nom de *glace*, et cette glace sert à dorer la surface des fricandeaux et d'un grand nombre de pièces de boucherie, volaille et gibier.

GODIVEAU. Pilez dans un mortier de la rouelle de veau, autant de graisse de bœuf; ajoutez, pendant l'opération, d'abord quelques jaunes d'œufs, ensuite les blancs de ces œufs battus en neige, sel, poivre. Lorsque le tout forme une pâte bien homogène, on en forme des boulettes qui, sous le nom de *godiveau*, s'emploient dans plusieurs ragoûts, et particulièrement dans les pâtés chauds.

GOUJONS. *Rôt.* Les goujons ne se mangent que frits : on les vide; on les lave; on les saupoudre de farine et on les met dans la friture bien chaude. Faites-les égoutter; saupoudrez-les de sel fin, et entourez-les de persil frit.

GRAS-DOUBLE EN FRICASSÉE DE POULET. *Entrée.* Après avoir bien échaudé et nettoyé des morceaux de panse de bœuf, on les met dans de l'eau fraîche, où ils doivent passer quatre ou cinq heures; puis on les fait bouillir pendant cinq ou six heures dans de l'eau, avec un peu de farine, des oignons et des carottes coupés en tranches, bouquet garni, sel, poivre, girofle, ail. Le gras-double étant ainsi cuit, on le coupe par petits morceaux de la grandeur d'une pièce de cinq francs au plus; on le met dans une casserole avec du beurre, un peu de farine; on mouille avec du consommé, et on laisse le tout bouillir pendant un quart d'heure. Retirez alors cette préparation du feu; liez-la avec des jaunes d'œufs et servez.

GRAS-DOUBLE GRILLÉ. *Entrée.* Le gras-double étant nettoyé et cuit comme il est dit à l'article précédent, laissez les morceaux d'assez grande dimension; trempez-les dans du beurre fondu, puis dans de la mie de pain mêlée de sel, poivre, fines herbes; faites-les griller et dressez-les sur une sauce piquante ou une sauce tomate.

GRAS-DOUBLE A LA LYONNAISE. *Entrée.* Le gras-double étant cuit comme il est dit à l'article *Gras-double en fricassée de poulet,* et coupé en petits morceaux d'un pouce carré, on le met dans la poêle avec du beurre, de l'huile, des oignons coupés en dés, sel, poivre, persil haché. Lorsque les morceaux de gras-double sont bien jaunes, on verse le tout sur un plat et l'on sert.

GRENOUILLES. On ne mange des grenouilles que les cuisses, qui doivent être dépouillées et avoir dégorgé dans de l'eau fraîche. Les cuisses de grenouilles se mangent en fricassée de poulet (*V.* POULET) ou frites. Pour les faire frire, on les fait mariner dans du vinaigre, on les saupoudre de farine et on les met dans de la friture bien chaude (*V.* FRITURE).

GRIVES. *Entrée et Rôt.* Les grives ne se vident point; on n'en ôte que le gésier. Si l'on veut les servir pour entrée, il faut les faire cuire à la braise (*V.* BRAISE), les dresser sur du fond de cuisson réduit et les glacer. Si on doit les servir pour rôt, il faut les faire rôtir comme des bécasses (*V.* BÉCASSES).

GRONDIN ou **ROUGET.** Ce poisson, cuit au court-bouillon, se mange à l'huile ou à la sauce aux câpres (*V.* SAUCE). Il est peu estimé et ne paraît point dans les cuisines de quelque importance.

GROSEILLES DE BAR. *Dessert.* Taillez une plume en forme de cure-dent, et à l'aide de cet instrument enlevez les pepins des groseilles en les prenant grain à grain en déchirant le moins possible l'enveloppe de chaque grain. Faites clarifier du sucre à raison d'un demi-kilo pour chaque kilo de fruit (*V.* SUCRE), et lorsque le sirop sera cuit au petit boulet, vous jetterez les grains de groseille dedans, et vous retirerez la bassine du feu presque aussitôt. Opérez du reste comme pour la gelée de groseilles.

GROSEILLES (**Compote de**). *Dessert.* Faites un sirop de sucre cuit au petit boulet (*V.* SIROP); jetez dedans de belles groseilles égrenées ou même avec leurs grappes et ôtez-les après quelques bouillons pour mettre dans un compotier; laissez réduire un peu ce sirop, et versez-le sur les groseilles.

GROSEILLES (**Gelée de**). *Dessert.* Écrasez deux kilos de groseilles et un demi-kilo de framboises; pressez-les dans un linge de manière à obtenir tout le jus. Mettez ce jus dans une bassine avec deux kilos de sucre;

faites bouillir et écumez. Une demi-heure de cuisson est suffisante. Mettez cette préparation dans des pots et couvrez ces pots, lorsque la gelée de groseilles sera refroidie, avec du papier appliqué sur la gelée et du parchemin bien ficelé autour du pot.

GROSEILLES PERLÉES. *Dessert.* Battez deux blancs d'œufs dans un demi-verre d'eau; trempez dedans, grappe par grappe, de belles groseilles, et passez-les dans du sucre en poudre. Laissez-les sécher et servez.

GUIGNARDS. Les guignards sont de petits oiseaux que l'on accommode comme les ortolans (*V*. ORTOLANS).

HARENGS FRITS. *Rôt.* Videz et écaillez des harengs; saupoudrez-les de farine; faites-les frire, et servez-les entourés de persil frit.

HARENGS AU GRATIN. *Entrée.* Les harengs étant vidés, écaillés et essuyés, on fonce le plat sur lequel on doit les servir avec du beurre et de la chapelure; on fait une couche de champignons, ciboule, persil, hachés, sel et poivre; après avoir posé les harengs sur cette couche, on les recouvre d'une couche semblable; on mouille avec moitié bouillon et moitié vin blanc; on met le plat sur le feu et on le couvre avec le four de campagne.

HARENGS GRILLÉS. *Entrée.* Écaillez des harengs; faites-les griller et dressez-les sur une maître-d'hôtel, sur une sauce tomate ou sur une sauce tartare. Les harengs grillés peuvent aussi être mis au beurre noir; on prépare alors le beurre comme pour la raie; on les prépare encore à la sauce moutarde. Cette sauce est tout simplement de la sauce blanche à laquelle on mêle une ou deux cuillerées de moutarde.

HARENGS EN MAYONNAISE. *Entrée.* Levez les filets des harengs; faites-les griller; laissez-les refroidir et dressez-les sur une mayonnaise (*V*. SAUCE).

HARENGS SALÉS. *Entrée.* Après avoir fait dessaler les harengs pendant vingt-quatre heures, on les fait cuire à l'eau, et on les dresse sur une purée de pois ou de lentilles (*V*. PURÉE), ou bien, quand ils sont cuits, on les coupe par morceaux, et on les mange en salade.

HARENGS SAURES. *Hors-d'œuvre.* Fendez les harengs saures par le dos, et faites-les griller. Ils ne doivent rester qu'un instant sur le feu.

HARENGS SAURES EN CAISSE. *Entrée.* Dans une caisse de papier que vous aurez bien beurrée, vous ferez une couche de champignons, ciboules, persil, hachés; puis vous lèverez les filets des harengs saures; vous les débarrasserez de la peau et des arêtes; vous recouvrirez les filets avec de petites tranches de beurre et une autre couche de champignons, ciboule et persil hachés; saupoudrez ensuite la surface avec de la chapelure, et mettez la caisse sur le gril, à un feu doux.

HARENGS SAURES MARINÉS. *Hors-d'œuvre.* Levez les filets des harengs saures; jetez ces filets dans de l'eau bouillante; retirez-les quelques instants après; laissez-les refroidir, mettez-les sur une assiette, couvrez-les de fines herbes; versez de l'huile dessus de manière à ce qu'ils baignent dedans, et servez-les ainsi.

HARENGS SAURES PANÉS. *Entrée.* Fendez des harengs saures par le dos, sans séparer les deux parties; enlevez-en la tête, la queue et les arêtes; panez-les à deux reprises en les trempant successivement dans du beurre fondu et dans de la mie de pain mêlée de fines herbes; faites-les griller; dressez-les et arrosez-les avec de l'huile.

HARICOT DE MOUTON (*V.* MOUTON).

HARICOTS BLANCS. *Entremets.* Nouveaux ou secs, les haricots blancs se font cuire dans de l'eau que l'on sale quand ils sont à moitié cuits, avec cette différence que les haricots nouveaux se jettent dans de l'eau bouillante, et que les secs doivent être mis à l'eau froide. Ainsi cuits, les haricots se mangent de plusieurs manières:

A la maître-d'hôtel. On les retire de l'eau, on les fait égoutter et on les saute à la casserole avec du beurre, des fines herbes et du sel.

Au jus. On fait un roux; on jette les haricots dedans; on mouille avec du jus ou du consommé, et l'on ajoute du sel et du poivre.

A l'oignon. On fait cuire des oignons coupés par tranches dans du beurre, jusqu'à ce qu'ils soient roux; on met les haricots dans cette préparation avec un peu de l'eau dans laquelle ils ont cuit, et on les fait bouillir un instant.

En salade. On les sert bien égouttés, avec des fines herbes autour.

HARICOTS ROUGES. *Entremets.* Faites cuire les haricots dans moitié eau et moitié vin, avec des oignons, du lard coupé par morceaux, un bouquet garni, sel et poivre. Au moment de servir, maniez un morceau de beurre avec un peu de farine et des fines herbes; mettez-le dans les haricots et sautez-les jusqu'à ce qu'il s'y soit bien mêlé; dressez ensuite et servez aussitôt.

HARICOTS VERTS. On épluche les haricots verts en en cassant les deux extrémités et enlevant les filandres qui s'étendent quelquefois d'un bout à l'autre. Ils se font cuire du reste et se préparent comme les haricots blancs nouveaux (*V.* plus haut).

HOMARD. *Entrée.* On jette les homards dans du court bouillon bouillant (*V.* COURT BOUILLON), et on les laisse bouillir pendant une heure au moins. On les retire ensuite; on les fait égoutter; on les fend par le dos dans toute leur longueur, on leur casse les pattes, et on les sert froids, sur un lit de persil en branches, avec une sauce remolade à part (*V.* SAUCE).

HOMARD EN SALADE. *Entrée.* Découpez les chairs d'un homard, et dressez-les sur un plat creux, avec des œufs durs coupés par quartiers, des filets d'anchois, des cœurs de laitues, des truffes cuites au vin et coupées par tranches, des cornichons également coupés, des câpres, et un cordon de fines herbes tout autour. Tout cela doit être arrangé avec symétrie, et présenter un aspect agréable.

Nota. On fait cuire et l'on prépare de la même manière les langoustes et les crabes.

HUITRES. *Hors-d'œuvre.* Les huîtres se mangent le plus ordinairement au naturel, avec un peu de gros poivre et de jus de citron. On peut servir à part une sauce composée de vinaigre, poivre et échalotes hachées très menu.

HUITRES EN COQUILLES. *Entrée.* Otez les huîtres de

leurs écailles ; mettez dans une casserole avec leur eau, et faites-les bouillir un instant. Faites, d'autre part, revenir dans du beurre des champignons hachés, des échalotes et du persil également hachés, sel, poivre ; saupoudrez le tout d'un peu de farine ; mouillez avec moitié consommé et moitié vin blanc ; faites bouillir cette préparation, et mettez les huîtres dedans au moment de la retirer du feu. Choisissez quelques-unes des plus grandes écailles d'huîtres, crevez-en l'amer ; lavez-les bien ; et mettez dans chacune de ces écailles trois ou quatre huîtres avec de la sauce, semez de la chapelure dessus, mettez sur cette chapelure quelques petits morceaux de beurre ; posez ces écailles sur un feu doux ; couvrez avec un four de campagne, et servez-les dès qu'elles auront commencé à gratiner.

HUÎTRES FRITES. *Rôt.* Ôtez les huîtres de leurs écailles, et faites-les bouillir dans leur eau. Faites ensuite mariner ces huîtres dans du jus de citron pendant une demi-heure ; puis vous les tremperez dans de la pâte à frire (*V.* PATE A FRIRE), et vous les mettrez à la friture bien chaude ; faites-les égoutter et servez-les entourées de persil frit.

HUÎTRES A LA POULETTE. *Entrée.* Les huîtres étant cuites dans leur eau, comme il est dit à l'article précédent, mettez-les dans une casserole avec du beurre ; saupoudrez-les de farine ; mouillez-les avec un peu de leur eau ; ajoutez du persil haché, un peu de vinaigre, et faites bouillir le tout un instant. Au moment de servir, ajoutez une liaison de jaunes d'œufs battus.

JAMBON. *Entrée.* Après avoir fait dessaler un jambon dans de l'eau pendant vingt-quatre heures, on l'enveloppe dans un linge, et on le met dans une marmite avec oignons, carottes, thym, laurier, ail, persil, clous de girofle, gros poivre. On mouille avec moitié eau et moitié vin blanc, jusqu'à ce que le jambon baigne bien, et on fait bouillir le tout à grand feu pendant cinq heures. Après avoir retiré le jambon du feu, on le laisse refroidir à moitié, puis on enlève l'os du milieu avec précaution, et on laisse le bout du manche comme à un gigot ; on lève ensuite la couenne, et on couvre le jambon de chapelure.

JAMBON A LA BROCHE. *Rôt.* Dépouillez un jambon frais de sa couenne, et faites-le mariner pendant deux jours dans du vin blanc, avec sel, poivre, tranches d'oignon, persil en branches, bouquet de sauge. Mettez ensuite le jambon à la broche, et arrosez-le de temps en temps avec une partie de sa marinade. Si le jambon est fort, il faut au moins deux heures et demie de cuisson. Servez le jambon, avec une sauce à part, composée du jus qu'il a rendu, d'une partie de sa marinade, d'échalotes hachées, poivre et sel.

JAMBON SALÉ ET FUMÉ. Faites mariner un jambon pendant trois semaines, dans moitié vin, moitié eau, avec sel, sauge, thym, laurier, clous de girofle. Le sel doit surtout dominer. Les trois semaines écoulées, on retire le jambon de la saumure, on le fait égoutter; on le pend dans la cheminée, et on brûle de temps en temps, dessous, des herbes aromatiques.

JUS. On obtient d'excellent jus de viande en faisant réduire un bon fond de braise que l'on colore au besoin avec un peu de caramel; on peut en obtenir également en faisant réduire du bouillon jusqu'à ce qu'il forme une sorte de glace que l'on mouille ensuite avec un peu de ce même bouillon. Mais dans une grande cuisine où il y a toujours de nombreux débris de viandes crues, c'est avec ces débris que se fait le jus destiné à entrer dans un grand nombre de mets. On met ces débris dans une casserole, avec un peu de beurre, des oignons et carottes coupés par tranches. Après avoir fait revenir le tout jusqu'à ce que les viandes commencent à s'attacher à la casserole, on mouille avec du bouillon; on ajoute un bouquet garni, un peu de poivre, et on laisse bouillir le tout pendant deux heures. Passez ce jus au tamis; faites-le bouillir ensuite en y ajoutant un blanc d'œuf battu dans un verre d'eau, pour le clarifier, et passez-le de nouveau. Si le jus ainsi obtenu ne paraissait pas assez fort, il suffirait de le faire réduire pour remédier à cet inconvénient.

Le jus maigre se fait de la même manière en substituant des tronçons de carpe ou de brochet à la viande, et en mouillant avec du bouillon de poisson (*V.* BOUILLON DE POISSON).

KARI (*V.* SAUCE).

LAIT DE POULE. Battez deux jaunes d'œufs en y mêlant 3o grammes de sucre en poudre et un peu d'eau de fleur d'oranger ; puis, sans cesser de battre, versez dessus un verre d'eau bouillante, et servez sur-le-champ.

LAITUES FARCIES. *Entremets.* Otez les feuilles vertes de quelques laitues bien pommées ; faites-les blanchir dans de l'eau bouillante salée pendant quelques minutes. Otez-les, faites-les égoutter, ôtez-en les trognons de manière à faire dans chacune un trou que vous remplirez avec de la farce (*V.* FARCE) ; faites cuir ces laitues dans du consommé. Les laitues étant cuites, on les dresse, on fait réduire le consommé dans lequel elles ont cuit, et on le verse dessus.

LAITUES AU JUS. *Entremets.* Parez des laitues ; faites-les blanchir en les jetant dans de l'eau bouillante salée où elles doivent rester pendant sept ou huit minutes. Faites-les égoutter et arrangez-les dans une casserole que vous aurez foncée avec de la graisse. Versez dessus du jus de viande ou du consommé réduit ; laissez bouillir pendant quelques instants et servez.

LAITUES AU MAIGRE. *Entremets.* Les laitues étant blanchies comme il est dit à l'article précédent, on les fend en quatre sans séparer les quartiers ; on les met dans une casserole foncée avec des carottes, des oignons, un bouquet garni, poivre, sel, un fort morceau de beurre ; on mouille avec de l'eau, et l'on fait cuire le tout sur un feu doux. La cuisson terminée, on fait un roux blanc, on le mouille avec un peu d'eau de cuisson et de la crème ; on fait réduire cette sauce ; on la lie avec des jaunes d'œufs, et on la verse sur les laitues que l'on a dressées sur un plat un peu creux.

LAITUES EN SALADE. Il y a plusieurs manières de manger les laitues en salade ; la plus ordinaire est de les éplucher, de couper les feuilles en quatre, les cœurs par petits quartiers, de les dresser sur un saladier, et de mettre dessus un peu de fines herbes. A table, on assaisonne cette salade d'huile, vinaigre, sel, poivre. Mais on peut aussi accommoder cette salade comme suit :

A la crème. On remplace l'huile par de la crème double ; il faut, dans ce cas, que la salade soit mangée promptement.

Au lard. La salade étant dressée, on y met le sel et le poivre nécessaires ; puis on coupe du lard en petits dés ; on le fait fondre dans la poêle et on le verse très-chaud sur les laitues ; on verse aussitôt un peu de vinaigre dans la poêle, on le fait chauffer un instant, et on le verse sur la salade.

En magnonnaise. On dresse la salade comme il est dit plus haut, et on verse dessus une sauce magnonnaise (*V.* Sauces).

Aux œufs. On écrase des jaunes d'œufs durs ; on en coupe les blancs en petits dés, et l'on mêle le tout dans un bol avec sel, poivre, huile et vinaigre. Cette préparation se verse ensuite sur la salade.

On peut aussi ajouter à la salade ordinaire de laitues des œufs durs coupés par quartiers, des filets d'anchois, des petits morceaux de thon, etc.

LAMPROIE (*V.* Anguille, Carpe). La lamproie se prépare de la même manière que ces poissons.

LANGOUSTE (*V.* Homard). Opérez comme il est dit à cet article.

LAPEREAU (CROQUETTES DE). *Entrée.* Coupez par petits morceaux les chairs de lapereau rôti et refroidi ; coupez de la même manière de la tétine de veau ou de la graisse de veau cuite, dans la proportion d'un tiers de graisse pour deux tiers de chair de lapereau. D'autre part, vous ferez fondre du beurre dans une casserole, vous y ajouterez un peu de farine en tournant toujours, puis des champignons et du persil hachés, du poivre, du sel, et vous mouillerez le tout avec moitié crème et moitié consommé. Il faut mouiller avant que la farine ait pris couleur. On laisse bouillir cette sauce jusqu'à ce qu'elle soit très-épaisse ; on la laisse refroidir, et on y mêle la chair de lapereau et la graisse coupées comme nous l'avons dit plus haut. Faites des boulettes avec cette préparation ; panez-les, trempez-les dans des jaunes d'œufs battus ; panez-les une seconde fois, et faites-les frire.

LAPEREAU AU JAMBON. *Entrée.* Dépecez un lapereau ; piquez les membres et le râble avec du lard de moyenne

grosseur ; mettez le lapereau dans une casserole avec
du jambon coupé par tranches ; mouillez avec du bouillon et du vin blanc, en petite quantité ; ajoutez quelques
cuillerées d'huile, un bouquet garni, sel, poivre. Faites
cuire ; dressez le lapereau et le jambon ; passez et dégraissez la sauce, et versez-les sur les viandes dressées.

LAPEREAU A LA MARENGO. *Entrée.* (*V.* POULET A LA
MARENGO.) Opérez comme il est dit à cet article en
remplaçant le poulet par le lapereau.

LAPEREAU EN PAPILLOTES. *Entrée.* Dépecez un lapereau, et faites-le mariner dans de l'huile avec champignons, persil, ciboule et un peu d'ail hachés, sel et
poivre. Enveloppez ensuite chaque morceau dans du
papier bien beurré en dedans. Chacun de ces morceaux
doit être garni, dans sa papillote, d'une partie des
champignons, ciboule, etc., et il doit être en outre
accompagné d'une petite bande de lard sur chacune de
ses faces. Les papillotes étant ainsi préparées, faites-les
griller sur un feu doux et servez-les sans en ôter le
papier.

LAPEREAU A LA POULETTE. *Entrée.* Dépecez un lapereau ; faites-le sauter dans la casserole avec un morceau de beurre ; saupoudrez-le de farine, et mouillez
avec moitié consommé, moitié vin blanc ; ajoutez des
champignons, persil, ciboule, poivre, sel, et le tout
étant cuit, liez avec des jaunes d'œufs.

LAPEREAU ROTI. *Rôt.* Recueillez le sang du lapereau
et frottez-en tout le corps de l'animal ; piquez de lard
fin le rable, les cuisses et les épaules. Mettez-le lapereau
à la broche, et arrosez-le fréquemment avec du beurre
et le jus qu'il rend. Il faut cinquante minutes de cuisson.
Débrochez le lapereau et servez-le avec une sauce à part
composée du reste du sang de l'animal, de son foie, revenu au beurre et écrasé, du jus qu'il a rendu, d'un peu
de vinaigre et d'échalotes hachées, le tout passé au
tamis après avoir jeté un bouillon.

LAPEREAU A LA SAINT-LAMBERT. *Entrée.* Dépecez un
lapereau, et faites-le cuire dans du consommé avec carottes, oignons, navets, céleri, bouquet garni, sel,
épices. Le lapereau étant cuit, retirez-le, faites une
purée avec les légumes qui ont cuit en même temps que

lui ; mouillez la purée avec une partie du fond de cuisson. Dressez le lapereau, et versez cette purée dessus.

LAPEREAU A LA TARTARE. *Entrée.* Désossez un lapereau ; faites-le mariner dans de l'huile avec sel, poivre, échalotes, ciboule et persil hachés ; trempez le lapereau dans de la mie de pain mêlée d'un peu de sel fin ; faites-le griller, et dressez sur une sauce tartare (*V.* Sauce).

Nota. On accommode encore les lapereaux *en blanquette*, comme le veau ; *à la crapaudine*, comme les pigeons ; *en fricandeau*, comme le fricandeau de veau ; *aux petits pois*, comme les pigeons.

LAPIN (CIVET DE). *Entrée.* (*V.* Civet de lièvre.) Opérez comme il est dit à cet article en substituant le lapin au lièvre.

LAPIN (GIBELOTTE DE). *Entrée.* Mettez dans une casserole un lapin dépecé, avec du beurre, du lard maigre coupé en petits morceaux ; faites revenir le tout, et lorsque lard et lapin commenceront à prendre couleur, saupoudrez-les de farine. Mouillez avec moitié consommé et moitié vin blanc, ajoutez champignons, petits oignons, sel, poivre, bouquet garni. Le tout étant cuit, on dégraisse la sauce, on dresse, et on entoure le ragoût avec des croûtons frits (*V.* Croutons).

LAPIN EN MATELOTE. *Entrée.* (*V.* Matelote). Opérez comme il est dit à cet article, en faisant entrer dans cette préparation un lapin et une anguille.

LAPIN ROTI. *Rôt.* (*V.* Lapereau roti.) Opérez comme il est dit à cet article.

LENTILLES. *Entremets.* Les lentilles se préparent comme les haricots blancs (*V.* Haricots) ; elles font une excellente purée (*V.* Purée).

LEVRAUT (*V.* Lièvre). Opérez dans tous les cas pour l'un comme pour l'autre.

LIAISONS. On croit assez généralement que les liaisons ne s'emploient que pour donner du corps, de la consistance aux sauces, et en cela on se trompe complétement. S'il ne s'agissait que d'obtenir une sauce plus ou moins épaisse, est-ce que la farine ne serait pas toujours suffisante ? Le but auquel tendent ou doivent tendre les liaisons est de lier parfaitement toutes les parties d'un ragoût, sans jamais y dominer. Il ne s'agit donc pas de les faire épaisses ; mais bien onctueuses, insinuantes, pénétrantes. La liaison ne doit jamais s'apercevoir ; elle ne doit se faire sentir que par la perfection qui résulte de l'accord simultané de toutes les parties constituantes d'une sauce, d'une entrée ou d'un entremets bien finis.

Il est bien vrai que la crème et les jaunes d'œufs sont la base des liaisons ; mais d'autres ingrédients et même certaines compositions doivent souvent concourir à leur confection ; tels sont les coulis, l'essence de gibier, le fond de braise. Dans les mets au maigre, les jaunes d'œufs délayés dans de la crème sont la liaison la plus ordinaire ; cependant, dans certain cas, cette liaison peut être remplacée avec avantage par un morceau d'excellent beurre roulé dans de la farine, et que l'on jette dans le ragoût après l'avoir ôté du feu. Mais dans les liaisons destinées aux sauces grasses, brunes, blondes ou blanches, les coulis sont toujours employés avec succès quand ils le sont avec discernement.

Nous ne saurions pourtant établir de règles précises en cette matière ; nous nous bornerons à donner quelques exemples qui pourront servir de point de départ et empêcher les commençants de se fourvoyer.

Supposons que vous ayez fait une fricassée de poulet d'après toutes les règles de l'art, et que le moment de la servir soit venu. Ce moment est celui d'employer la liaison. Que fait, dans ce cas, un artiste vulgaire ? il étend quelques jaunes d'œufs dans un peu de crème ou même dans de l'eau, il jette cette prétendue liaison dans la casserole, après l'avoir retirée du feu, fait sauter le ragoût et le dresse. Un cuisinier habile opère tout différemment : recourant à la grande loi des affinités, il compose sa liaison d'autant de cuillerées de coulis blanc et de jus de volaille que de jaunes d'œufs, il y ajoute le jus d'un citron, mêle ces diverses substances jusqu'à ce qu'elles forment un tout homogène, et tandis que, d'une main, il fait sauter la fricassée, de l'autre, il l'arrose de cette liaison qui en fait un mets délicieux.

S'il s'agit d'un ragoût brun, comme, par exemple, des pigeons en compote, on peut se passer de jaunes d'œufs, mais comme ils ne gâtent jamais rien, on en met quelques-uns dans un bol avec autant de cuillerées de coulis brun et de jus de volaille, on mêle le tout et on lie le ragoût.

Dans les liaisons destinées aux ragoûts de gibier, comme les civets de lièvre, les lapereaux en tortue, etc., on remplace le jus de volaille par l'essence de gibier préparée comme il est dit plus loin.

Nous devons rappeler, en finissant cet important article, que les liaisons ne doivent être mises en œuvre qu'au moment de servir les mets à l'achèvement desquels elles sont destinées. Les liaisons dans lesquelles entrent des jaunes d'œufs et de la crème s'opposent à ce que les mets à la confection desquels elles ont concouru puissent être réchauffés; la crème surit et tourne et le jaune d'œuf caillebotte.

LIÈVRE EN DAUBE. *Entrée.* Après avoir désossé complètement un lièvre, piquez-le de menu lard, saupoudrez l'intérieur de sel et de poivre. Roulez le lièvre, ficelez-le comme une galantine (*V. ce mot*), et faites-le cuire dans une bonne braise (*V.* BRAISE). Servez le lièvre sur une partie de son fond de cuisson, passé, dégraissé et réduit.

LIÈVRE AUX CHAMPIGNONS. *Entrée.* Ce mets se fait ordinairement avec les restes d'un lièvre rôti. On coupe les chairs du lièvre, puis on fait revenir à la poêle du lard de poitrine, coupé par petits morceaux, on met ce lard dans un plat, on étend dessus de la chapelure, des oignons, champignons, persil, hachés. Sur cette couche on place les morceaux de chair du lièvre, on les recouvre d'une même couche de champignons, persil, oignons, sel, poivre. Semez sur le tout de la chapelure, et sur cette chapelure posez, de distance en distance, de petits morceaux de beurre, mouillez avec un peu de consommé; posez le plat sur un feu doux, couvrez-le avec un four de campagne, et servez dès que cela commencera à gratiner, ce qui se sent aisément à l'odorat.

LIÈVRE AU CHASSEUR. *Entrée.* Faites mariner la partie inférieure d'un lièvre, ou (mieux) d'un levraut, dans du jus de citron et de l'huile avec sel, poivre, thym, laurier. Coupez du lard maigre par petits morceaux et faites-le revenir dans du beurre, ôtez les lardons, faites revenir la partie inférieure du lièvre ou levraut, remettez le lard dans la casserole, mouillez avec moitié consommé, moitié vin blanc, et la marinade du lièvre. Faites cuire, dégraissez et dressez.

12

LIÈVRE (Civet de). *Entrée.* Coupez du lard maigre par petits morceaux et faites-les revenir dans du beurre, ôtez le lard et faites revenir de la même manière un lièvre dépecé. Remettez le lard, saupoudrez le tout de farine, mouillez avec moitié consommé, moitié vin rouge, ajoutez sel, poivre, petits oignons, bouquet garni, et au moment de servir liez la sauce avec le sang du lièvre, que vous aurez recueilli en le dépeçant.

LIÈVRE A LA SAINT-LAMBERT. *Entrée.* (*V.* LAPEREAU A LA SAINT-LAMBERT), et opérez comme il est dit à cet article, en remplaçant le lapereau par le lièvre ou le levraut.

LIÈVRE SAUTÉ. *Entrée.* Dépecez un lièvre ou levraut, faites-le sauter dans une casserole avec beurre, sel, poivre, ajoutez échalotes. champignons, persil, hachés, saupoudrez le tout de farine, mouillez avec moitié consommé, moitié vin blanc, laissez cuire un quart d'heure, dressez le lièvre ou levraut. faites un peu réduire la sauce et versez-la dessus.

LIÈVRE EN TERRINE. *Entrée.* Désossez et hachez un lièvre, hachez en même temps un demi-kilo de rouelle de veau, un demi-kilo de porc frais, mêlez le tout de ciboule, laurier, thym, girofle, persil, également hachés, ajoutez sel et poivre. Cela étant fait, on garnit de bardes de lard une terrine, *dite* à pâté, on met dedans tout ce hachis bien mêlé, on le recouvre de bandes de lard, on arrose le tout avec quelques cuillerées d'eau-de-vie et on met la terrine au four où elle doit rester de quatre à cinq heures.

LIMANDES. (*V.* SOLES.) Les limandes et les soles s'accommodent de la même manière.

LIMONADE. *Office.* Enlevez le zeste de quatre citrons de manière à ne pas entamer la peau blanche, qui est amère. Mettez ce zeste dans une étamine, pressez sur cette même étamine les quatre citrons pour en obtenir tout le jus, mouillez le tout avec un litre d'eau et tordez l'étamine de manière à en faire sortir tout le liquide qu'elle contient. Mêlez le liquide ainsi obtenu avec du sirop de sucre cuit au petit boulet, en proportion suffisante pour que le sucre ne domine pas trop, et vous aurez d'excellente limonade. On peut faire cuire cette limonade, il suffit de la mettre pendant un quart d'heure au bain-marie bouillant.

LOCHES. (*V.* GOUJONS.) Les loches se traitent de la même manière.

LOTTE. (*V.* TANCHE.) La lotte et la tanche s'accommodent de la même manière.

MACARONI. *Entremets.* Après avoir fait cuire du macaroni dans du bouillon ou du consommé, vous ne laissez que la quantité de bouillon suffisante pour que la préparation soit suffisamment épaisse ; ajoutez 125 grammes de beurre et un demi-kilo de fromage râpé, parmesan et gruyère, un peu de poivre. Mêlez tout cela, versez-le sur un plat à gratin que vous aurez bien beurré, saupoudrez le dessus avec du fromage râpé, mettez le plat sur un feu doux, couvrez-le avec le four de campagne et servez quand le macaroni sera de belle couleur.

MACARONI EN TIMBALE. *Entremets.* Il se prépare comme il est dit à l'article précédent, avec cette différence qu'au lieu de le verser sur un plat beurré, on le met dans un moule ou une casserole qu'on a beurrée, et dont on a garni le fond et les parois avec une pâte à pudding (*V. ce mot*), de l'épaisseur d'une pièce de deux francs. On met ce moule ou cette casserole sur un feu doux, on couvre avec le four de campagne très-chaud et quand le tout a pris couleur, on renverse le moule sur un plat et on sert sur-le-champ.

MACARONS. *Dessert.* Jetez dans de l'eau bouillante deux hectos d'amandes douces et sept ou huit amandes amères, retirez-les presque aussitôt, enlevez-en la peau, laissez-les sécher et pilez-les dans un mortier en y mêlant successivement et par petites portions, deux blancs d'œufs ; mettez dans une bassine un demi-kilo de sucre, quart de litre d'eau, faites cuire le sucre au petit boulet (*V.* SUCRE-SIROP). Versez dans ce sucre les amandes pilées et un peu de fleur d'oranger pralinée et pilée ; remettez la bassine sur un feu doux et remuez sans cesse jusqu'à ce que cette pâte ait une consistance suffisante. La pâte arrivée à point on l'étend sur une table saupoudrée de sucre pilé, on la divise en petits morceaux ronds que l'on arrange sur une feuille de papier ; on sème du sucre en poudre dessus et on fait cuire au four très-doux.

MACÉDOINE DE LÉGUMES. *Entremets.* Coupez des carottes et des navets en petits morceaux de forme agréable, mettez-les dans une casserole avec de petits oignons, un peu de beurre et faites-leur prendre couleur. Ajoutez des haricots verts et blancs, des petites fèves, des pointes d'asperges, des petits pois, des choux de Bruxelles, des champignons, le tout préalablement cuit à l'eau. Mouillez avec du consommé et faites mijoter le tout pendant une heure. Au moment de servir, ajoutez un morceau de beurre pétri avec un peu de farine.

Si la macédoine doit être faite au maigre, on remplace le consommé par du bouillon maigre ou de la crème, et on ajoute un peu de sucre.

MADELEINE (Gâteau de). *Entremets.* Mettez dans un hecto de beurre fondu deux hectos de farine, un demi-kilo de sucre en poudre, six jaunes d'œufs, six blancs d'œufs battus en neige et un peu d'eau de fleur d'oranger. Mêlez bien le tout, versez-le dans une tourtière, mettez la tourtière sur un feu doux et couvrez-la avec un four de campagne. Servez lorsque le gâteau sera de belle couleur.

MAGNONNAISE. (*V.* SAUCE.)

MAITRE-D'HOTEL. (*V.* SAUCE.)

MAQUEREAU A LA MAITRE-D'HOTEL. *Entrée.* Videz et essuyez un maquereau, faites-le cuire sur le gril; dès qu'il est cuit on le fend par le dos et on garnit l'intérieur de beurre manié avec du persil haché, du sel et du poivre.

MAQUEREAU AU BEURRE NOIR. *Entrée.* Le maquereau étant cuit sur le gril comme il est dit à l'article précédent, on fait fondre du beurre dans une poêle, on le laisse chauffer jusqu'à ce qu'il soit d'un roux très-foncé, on fait frire dans ce beurre du persil en petites branches, et l'on verse le tout, beurre et persil, sur le maquereau. On verse ensuite un peu de vinaigre dans la poêle, on y jette un peu de sel, et le vinaigre étant chaud, on en arrose le maquereau.

MARINADE DE VOLAILLE. *Entrée.* Enlevez la peau d'un poulet, dépecez-le et faites-le cuire à moitié dans du consommé avec poivre et bouquet garni, faites égoutter les morceaux de poulet, trempez-les dans des blancs d'œufs battus et faites-les frire. Servez avec du persil frit.

MARRONS. *Dessert.* Les marrons se mangent bouillis et rôtis. Pour les manger bouillis on les fend un peu à leur extrémité et on les fait cuire dans de l'eau salée, avec du céleri pour leur donner plus de goût. Pour les faire rôtir, on les met dans une poêle percée de petits trous, que l'on pose sur un feu vif; il faut les remuer fréquemment jusqu'à ce qu'ils sortent facilement de leur enveloppe. Il est nécessaire de les fendre un peu avant de les mettre dans la poêle.

MARRONS EN COMPOTE. *Dessert.* Les marrons étant rôtis comme il est dit à l'article précédent, on les met dans une bassine avec moitié de leur poids de sucre, de l'eau dans la proportion d'un quart de litre pour une livre de sucre. On les laisse bouillir pendant un quart d'heure, on y ajoute du jus de citron et on met le tout dans un compotier.

MARRONS GLACÉS. *Dessert.* Après avoir fait cuire des marrons dans de l'eau, on les épluche et on les met dans de l'eau froide pour les raffermir. Faites-les égoutter; arrangez-les dans une terrine et versez dessus du sirop de sucre bouillant, cuit au petit lissé (*V.* Sucre). Au bout de vingt-quatre heures, on remet le sirop dans la bassine et dès qu'il commence à bouillir, on le verse de nouveau sur les marrons. Cela se répète quatre fois en quatre jours. Au bout de ce temps on trempe les marrons dans du sirop de sucre cuit au cassé (*V.* Sucre), et on les pose sur du papier dans un endroit sec.

MASSEPAINS. *Dessert.* (*V.* Macarons.) Opérez comme il est dit à cet article, en remplaçant le sirop de sucre par du sucre en poudre.

MATELOTE. *Entrée.* Les poissons que l'on met ordinairement en matelote sont l'anguille, le barbillon, la carpe et la tanche. On peut faire entrer ces différentes espèces de poissons dans une même matelote, et l'on peut aussi n'employer qu'une de ces espèces. Après avoir dépouillé les anguilles, écaillé les autres poissons, on les coupe par tronçons, puis on fait revenir du lard coupé par morceaux, on le retire quand il a pris couleur, on

passe également au beurre, pour leur faire prendre couleur, des petits oignons et des champignons, puis on fait
un roux, on mouille avec du vin rouge et l'on ajoute sel,
poivre, épices, bouquet garni. Lersque cette préparation
commence à bouillir, on met dedans le poisson, le lard,
les oignons et champignons. Il faut faire cuire la matelote sur un feu très-vif. Le poisson étant cuit, on ajoute
à la matelote des écrevisses cuites à part, des tranches
de pain grillé, un peu d'eau-de-vie, et l'on dresse.

MATELOTE DE LAPIN. *Entrée.* Dépouillez une anguille et coupez-la par tronçons ; dépecez un lapin, faites-en dégorger les morceaux dans de l'eau tiède, et
opérez, en employant anguille et lapin, comme il est dit
à l'article précédent.

MATELOTE A LA MARINIÈRE. *Entrée.* Opérez comme
il est dit à l'article MATELOTE (*V.* ci-dessus), en supprimant le lard et le bouillon, et en augmentant la dose de
beurre. Un peu avant de servir, on verse légèrement un
peu d'eau-de-vie sur la matelote et on y met le feu que
l'on éteint presque aussitôt, et l'on dresse.

MATELOTE NORMANDE. (*V.* SOLE.)

MATELOTE D'ŒUFS. (*V.* ŒUFS.)

MATELOTE DE POULET. *Entrée.* (*V.* MATELOTE DE
LAPIN.) Opérez comme il est dit à cet article, en remplaçant le lapin par un poulet.

MAUVIETTES ou ALOUETTES. Les mauviettes se font
rôtir et se mettent en salmis comme les cailles (*V.* ce mot).
On les prépare aussi à la minute, et pour cela on opère
ainsi : les alouettes ou mauviettes étant plumées, flambées, vidées, troussées, on les fait sauter à la casserole
avec du beurre et du sel jusqu'à ce qu'elles aient pris
couleur, puis on les saupoudre de farine, on mouille
avec un peu de consommé, autant de vin blanc ; on ajoute
poivre, champignons et persil hachés. Les mauviettes
étant cuites, on les dresse, on verse la sauce dessus et on
entoure le tout de croûtons frits (*V.* CROUTONS).

MERINGUES. *Dessert.* Battez des blancs d'œufs de manière à ce qu'ils atteignent le plus haut degré de fermeté ;
mêlez-les avec du sucre en poudre dans la proportion
d'une cuillerée de sucre par chaque blanc d'œuf. Divisez cette préparation par cuillerées que vous posez au

fur et à mesure sur une feuille de papier, et saupoudrez chaque cuillerée de sucre fin ; faites cuire au four doux. Lorsque les meringues commencent à prendre couleur, on les retire et avec le dos d'une cuillère on enfonce la surface la moins cuite, de façon à ce que chaque morceau présente une partie concave et une partie convexe. On remet les meringues au four, et on les retire lorsqu'elles sont d'un beau jaune un peu foncé. Pour servir les meringues, on remplit deux morceaux avec de la crème fouettée ou de la gelée de groseilles et l'on rapproche ces morceaux de manière que, réunis, ils aient la forme d'un gros œuf.

MERLAN AUX FINES HERBES. *Entrée.* Videz et essuyez bien un merlan ; supprimez-en la tête et la queue ; mettez-le sur un plat beurré ; couvrez-le de fines herbes ; arrosez-le de beurre fondu ; mouillez avec du vin blanc, et faites cuire avec feu dessous, feu dessus. Le merlan étant cuit, on le dresse ; on lie la sauce en y ajoutant un peu de beurre manié avec de la farine, et l'on verse cette sauce dessus.

MERLAN FRIT. *Rôt.* Ciselez légèrement un merlan des deux côtés ; saupoudrez-le de farine ; mettez-le à la friture bien chaude, et servez-le accompagné de persil frit.

MERLAN AU GRATIN. *Entrée* (*V.* HARENG AU GRATIN). Opérez pour le merlan comme pour le hareng.

MERLAN GRILLÉ. *Entrée.* Ciselez légèrement un merlan des deux côtés; faites-le griller, et servez-le avec une maître-d'hôtel, ou sur une sauce blanche mêlée de câpres (*V.* SAUCE).

MERLUCHE (*V.* MORUE). Opérez comme il est dit à cet article.

MIROTON. *Entrée.* Faites revenir dans du beurre des oignons coupés par tranches; saupoudrez-les de farine dès qu'ils seront de belle couleur; mouillez avec un peu de bouillon, autant de vin blanc ; ajoutez sel, poivre, bouquet garni ; mettez dans cette préparation du bœuf bouilli coupé par tranches; laissez jeter un bouillon ; ajoutez un filet de vinaigre et servez.

MORILLES. Les morilles sont une espèce de champignons sauvages qu'on emploie dans les sauces comme les champignons ordinaires. On peut conserver les morilles en les enfilant et en formant une sorte de chapelet, que l'on fait sécher au four.

MORUE SALÉE. Faites dessaler la morue dans de l'eau fraîche pendant deux jours en changeant l'eau à plusieurs reprises; mettez-la sur le feu dans une casserole avec une quantité d'eau suffisante pour qu'elle baigne bien, et retirez-la dès que l'eau commencera à entrer en ébullition. La morue ainsi cuite se mange à la maître-d'hôtel, à la sauce aux câpres, à la Béchamel; il suffit de la dresser sur ces diverses sauces (*V.* SAUCE); on l'accommode encore comme il est dit ci-après.

MORUE (Brandade de). *Entrée.* La morue étant cuite comme il est dit à l'article précédent, on la coupe ou on la déchire par petits morceaux que l'on met dans une casserole. On pose cette casserole sur de la cendre chaude, et tandis que d'une main on verse de l'huile goutte à goutte sur la morue, de l'autre on tourne vivement avec une cuillère de bois le contenu de la casserole. Lorsque le tout forme une espèce de crème très-épaisse, on ajoute un peu d'ail et de persil hachés, un peu de zeste de citron, des truffes cuites au vin et coupées par tranches, et l'on dresse.

MORUE AU FROMAGE. *Entrée.* La morue étant cuite à l'eau comme il est dit ci-dessus, on la met dans une sauce Béchamel (*V.* SAUCE) avec du fromage râpé; on dresse cette préparation sur un plat beurré; on saupoudre le tout avec de la mie de pain mêlée de fromage de Gruyère râpé; on l'arrose de beurre fondu; puis on pose le plat sur un feu doux; on le couvre avec un four de campagne et l'on arrose dès que cela a pris couleur.

MORUE AU GRATIN. *Entrée.* Elle se prépare comme il est dit à l'article précédent, en supprimant le fromage.

MOULES. *Entrée.* Lavez et ratissez des moules; mettez-les à sec dans une casserole et posez la casserole sur le feu. On fait sauter les moules, et à mesure qu'elles s'ouvrent, on les retire et on supprime une coquille de chacune. Les moules ainsi cuites se mettent à différentes sauces; à la poulette ou à la Béchamel en les mêlant à ces sauces (*V.* SAUCE), aux fines herbes en les faisant sauter dans du beurre avec des fines herbes hachées. Dans tous les cas, il faut ajouter aux sauces un peu de l'eau que les moules ont rendue en cusant. Les moules

dites *à la marinière* se mettent à la poêle dès qu'elles
sont lavées, avec ciboule, ail, persil hachés, beurre
frais, poivre; on les fait sauter dès qu'elles sont ouvertes,
et l'on sert. Les moules peuvent aussi se mettre en coquilles comme les huîtres (*V.* Huîtres).

Mouton (Carré de) A LA BOURGEOISE. *Entrée.* Faites
cuire un carré de mouton à la braise en ajoutant au fond
de cuisson un verre de vin blanc (*V.* Braise). Le carré
étant cuit on le dresse sur une partie du fond de cuisson
passé, dégraissé et réduit.

Mouton (Cervelles de). On fait dégorger les cervelles
de mouton dans de l'eau chaude; on enlève les pellicules
et les filandres qui y sont attachées, et on les fait cuire au
court-bouillon (*V.* Court-Bouillon). Les cervelles ainsi
préparées peuvent se mettre en matelote (*V.* ce mot);
on les sert aussi couvertes d'une sauce aux câpres, ou
au beurre noir, ou sur une sauce piquante ou une ravigote (*V.* Sauce). Enfin on peut les faire frire après les
avoir coupées par morceaux et trempées dans une pâte
(*V.* Pate a frire).

Mouton (Côtelettes de) GRILLÉES. *Entrée.* Parez des
côtelettes de mouton; saupoudrez-les de sel et de poivre;
faites-les griller sur un feu vif, et servez. Les côtelettes
ainsi cuites peuvent se dresser sur une maître-d'hôtel,
une sauce piquante ou une sauce tomate (*V.* Sauce), ou
bien encore sur une macédoine de légumes (*V.* Macédoine). On peut aussi, avant de faire griller les côtelettes, les paner en les trempant successivement dans du
beurre fondu et dans de la mie de pain mélangée de
sel et poivre.

Mouton (Côtelettes de) A LA POÊLE. *Entrée.* Faites
cuire dans une bonne braise (*V.* Braise), et servez-les
sur une partie de leur fond de cuisson passé, dégraissé
et bien réduit. Les côtelettes ainsi cuites peuvent se
dresser sur un ragoût aux champignons ou à la financière, ou sur une purée de légumes (*V.* ces mots).

Mouton (Côtelettes de) SAUTÉES. *Entrée.* Les côtelettes
étant bien parées, mettez-les sur un plat à sauter avec
du beurre; lorsqu'elles ont pris couleur d'un côté, on
les retourne, et quand elles sont presque cuites, on les
arrose de consommé; on ajoute sel, poivre, fines herbes
et cornichons hachés, un filet de vinaigre; puis le tout

13

ayant jeté un bouillon, on dresse les côtelettes, et on verse la sauce dessus. Les côtelettes ainsi sautées peuvent se dresser sur les mêmes ragoûts et purées que les côtelettes grillées (*V.* ci-dessus).

Mouton (**Côtelettes de**) **A LA SOUBISE**. *Entrée.* Piquez des côtelettes de mouton avec du jambon et des truffes coupés en filets très-minces. Faites cuire ces côtelettes à la braise (*V.* BRAISE), et dressez-les sur une purée d'oignon (*V.* PURÉE).

Mouton (**Émincé de**). *Entrée.* L'émincé de mouton se se fait ordinairement avec les restes d'un gigot rôti. On fait un roux que l'on mouille avec du consommé; et on y ajoute sel, poivre, cornichons coupés par tranches, et l'on jette dans cette préparation la chair du gigot rôti coupée par petites tranches très-minces. On retire aussitôt la casserole du feu, et l'on dresse en ajoutant un filet de vinaigre, lorsque le mouton a acquis la chaleur nécessaire sans bouillir.

Mouton (**Épaule de**). L'épaule de mouton se traite comme le gigot, auquel elle est bien inférieure ; on peut en outre la préparer *en musette;* pour cela, on la désosse entièrement en laissant seulement le bout du manche ; on la pique avec des lardons de moyenne grosseur ; puis on la ficelle sans la serrer, et on la fait cuire à la braise (*V.* BRAISE). Lorsqu'elle est cuite, on la dresse sur une partie du fond de cuisson dégraissé et réduit, et on la dore avec de la glace de viande.

Mouton (**Filets de**). *Entrée.* Parez des filets de mouton ; faites-les mariner pendant deux heures dans moitié vin rouge, moitié huile d'olive avec poivre et sel ; mettez ces filets sur un plat à sauter, avec du beurre, et posez le plat sur un feu vif ; retournez-les dès qu'ils auront pris couleur d'un côté, et ajoutez un peu de coulis brun, un peu de consommé. Les filets étant cuits, on les dresse sur leur cuisson ou bien sur un ragoût à la financière (*V.* FINANCIÈRE). Il faut dans tous les cas les dorer avec de la glace de viande, avant de les servir. On peut aussi piquer les filets de mouton avec du lard très-fin, les faire cuire à la braise (*V.* BRAISE), et les dresser sur un peu de leur fond de cuisson réduit.

Mouton (**Gigot de**). Le gigot de mouton se mange le plus ordinairement rôti. Dans ce cas, on le débarrasse de l'espèce de parchemin dont il est couvert, on le bat pour l'attendrir, et on le fait mariner pendant quelques heures dans de l'huile, avec persil, oignon, coupés en tranches, sel et poivre; puis on le met à la broche et on le fait cuire à un feu vif en l'arrosant fréquemment avec du beurre fondu. On le dresse sur son jus. On fait aussi cuire le gigot de mouton à la braise (*V.* Braise), et on le sert, dans ce cas, sur un peu de son fond de cuisson réduit. On peut aussi le faire cuire dans son jus en le mettant dans une casserole avec du beurre, sur un feu doux, et le retournant fréquemment. Quant au gigot dit *à l'eau*, c'est tout simplement un gigot braisé.

Mouton (**Hachis de**). *Entrée.* Le hachis de mouton se fait avec des restes de mouton rôti; on hache ces restes très-menu; on les met dans une casserole avec du beurre, champignons, persil et échalotes hachés, sel, poivre. Le tout étant revenu, on le saupoudre de farine; on mouille avec un peu de consommé, et l'on dresse dès que cette préparation est près de bouillir.

Mouton (**Haricot de**). *Entrée.* Coupez par morceaux de la poitrine de mouton ou une épaule, et mettez cette viande sur le feu dans une casserole avec un peu de beurre; remuez fréquemment jusqu'à ce que la viande ait pris couleur. Otez la viande, faites un roux; mouillez avec du consommé, remettez la viande dans la casserole et ajoutez sel, poivre, bouquet garni et une certaine quantité de navets bien tournés et quelques pommes de terre que vous aurez fait revenir à part dans du beurre et qui doivent être d'un beau jaune doré. Laissez cuire pendant deux heures; dégraissez le ragoût et dressez-le.

Mouton (**Langues de**). Les langues de mouton se préparent de la même manière que les langues de bœuf (*V.* Bœuf). On peut aussi mettre les langues de mouton en papillotes; dans ce cas, on opère de la manière suivante: Après avoir enlevé la peau des langues, on les fait cuire à la braise (*V.* Braise). Quand elles sont cuites, on les retire et on les fait égoutter. Mettez dans une casserole du beurre, du lard, des champignons, des fines herbes hachés bien menu, sel, poivre. Faites sauter tout cela sur un feu vif pendant quelques instants. Laissez refroidir cette préparation; garnissez-en les langues et enveloppez chaque langue dans une feuille de

papier huilé. Il faut que chaque langue soit également
garnie dessous et dessus, et que cette garniture soit re-
couverte par une barde de lard très-mince. Les papillotes ainsi préparées, on les fait griller sur un feu
doux.

MOUTON (**Pieds de**) **FRITS.** *Rôt.* Les pieds de mouton
étant bien nettoyés et échaudés, on les fait cuire, pendant six heures au moins, dans une marmite, avec du
lard, un peu de farine délayée, oignons, carottes, citron,
coupés en tranches, sel, poivre, bouquet garni. Les
pieds de mouton ainsi cuits, ou en enlève l'os principal,
on les fait mariner dans du vinaigre; puis on les trempe
dans la pâte (*V.* PATE A FRIRE), et on les met à la friture
bien chaude. Servez-les de belle couleur et accompagnés
de persil frit.

MOUTON (**Pieds de**) **AU FROMAGE.** *Entrée.* Les pieds
de mouton étant cuits et désossés comme il est dit à l'article précédent, on les coupe en deux, et on les fait sauter à la casserole avec beurre, champignons coupés
par morceaux, ciboule et persil hachés; on mouille
avec du consommé; on ajoute du sel, du poivre, un peu
de vinaigre, et on laisse mijoter le tout pendant une
heure. Dressez cette préparation sur un plat, étendez
une couche de godiveau par dessus (*V.* GODIVEAU);
dorez le godiveau avec des jaunes d'œufs, et semez
dessus de la mie de pain mêlée de fromage de gruyère
râpé. Il faut ensuite poser ce plat sur un feu doux, le
couvrir avec un four de campagne, et servir dès que le
dessus de la préparation a pris une belle couleur jaune.

MOUTON (**Pieds de**) **A LA POULETTE.** *Entrée.* Les pieds
de mouton étant cuits et désossés comme il est dit à
l'article *Pieds de mouton frits* (*V.* plus haut), mettez-
les dans une casserole avec une sauce à la poulette
(*V.* SAUCE); laissez-les mijoter pendant une demi-heure,
et liez la sauce avec des jaunes d'œufs au moment de
servir.

MOUTON (**Poitrine de**) **GRILLÉE.** *Entrée.* Faites cuire
une poitrine de mouton à la braise (*V.* BRAISE); panez-la
lorsqu'elle est bien cuite, en la trempant successivement
dans de l'huile et dans de la mie de pain mêlée de sel et
poivre, et faites-la griller. Ainsi préparée, la poitrine
peut se dresser sur une macédoine de légumes, sur une

purée de pois, de lentilles ou d'oseille, sur une sauce tomate ou sur une sauce piquante (*V*. MACÉDOINE, SAUCE, PURÉE).

MOUTON (**Queues de**). *Entrée*. Faites cuire des queues de mouton à la braise, et servez-les sur un peu de leur fond de cuisson dégraissé et réduit presque à glace. On peut aussi les dresser sur une sauce tomate ou sur une purée de pois ou d'oseille (*V*. SAUCE, PURÉE). On peut aussi, étant cuites à la braise, les paner, les faire griller et les dresser comme la poitrine (*V*. l'article précédent); enfin on peut encore, étant cuites à la braise, les paner en les trempant dans des jaunes d'œufs dans de la mie de pain mêlée de sel et poivre, et les faire frire. On les sert alors entourées de persil frit.

MOUTON (**Rognons de**) **A LA BROCHETTE**. *Entrée*. Fendez des rognons du côté convexe, sans séparer les deux parties; maintenez-les avec une brochette, de manière à ce qu'ils forment une espèce de coquille; saupoudrez-les de sel et de poivre, et mettez-les sur le gril, l'intérieur en dessous; retournez-les au bout de quelques instants, et laissez-les cuire jusqu'à ce qu'ils rendent leur jus; dressez-les alors, ôtez les brochettes, remplissez chaque rognon avec du beurre manié avec du persil haché; ajoutez sur chacun un peu de jus de citron, et servez.

MOUTON (**Rognons de**) **SAUTÉS AU VIN**. *Entrée*. Coupez les rognons par petites tranches; faites-les sauter au beurre; retirez-les; ajoutez un peu de farine au beurre et faites un roux; mouillez avec du vin blanc. Mettez les rognons dans cette préparation, ajoutez-y des champignons coupés par morceaux et blanchis; laissez bouillir le tout pendant deux minutes, et dressez.

MULET. Le mulet est un poisson de mer qui s'accommode comme le bar (*V*. BAR).

NAVETS A LA BÉCHAMEL. *Entremets*. Après avoir tourné des navets avec un couteau, de manière à ce qu'ils soient tous de la même forme et de la même taille, faites-les cuire dans du bouillon ou du consommé; dressez-les et versez dessus une sauce béchamel (*V*. SAUCE).

NAVETS GLACÉS. *Entremets.* Tournez des navets comme il est dit à l'article précédent. Beurrez le fond d'une casserole ; arrangez les navets dessus et saupoudrez-les fortement avec du sucre en poudre, et versez dessus assez de coulis blanc pour qu'ils baignent (*V.* COULIS). Les navets étant cuits, on les retire de la sauce, on verse cette sauce sur un plat, et on arrange les navets dessus.

NAVETS AU JUS. *Entremets.* Les navets étant tournés comme il est dit ci-dessus, on les met dans une casserole avec du beurre et on les retourne de temps en temps jusqu'à ce qu'il aient pris une belle couleur jaune ; on mouille alors avec du jus de viande ou du consommé, et on fait cuire sur un feu doux.

NAVETS A LA MOUTARDE. *Entremets.* Les navets étant pelés, on les fait cuire dans du bouillon ; on les dresse et on verse dessus une sauce blanche à laquelle on a ajouté de la moutarde (*V.* SAUCE).

NAVETS A LA POULETTE. *Entremets.* Pelez des navets ; faites-les blanchir dans de l'eau salée ; faites-les égoutter ; mettez-les dans une sauce à la poulette (*V.* SAUCE), faites-les cuire sur un feu doux. Au moment de servir, liez la sauce avec des jaunes d'œufs.

NAVETS EN PURÉE (*V.* PURÉE).

NAVETS AU SUCRE. *Entremets.* (*V.* NAVETS GLACÉS), et opérez comme il est dit à cet article en remplaçant le coulis par du consommé.

Nota. Pour accommoder les navets au maigre, on remplace le bouillon ; le consommé ou le jus de viande, par de l'eau ou de la crème, et on augmente la dose de beurre.

NOUGAT. *Dessert.* Jetez une quantité d'amandes douces et cinq ou six amandes amères par demi-kilo dans de l'eau bouillante, afin de les débarrasser facilement de leur peau ; faites-les égoutter et mettez-les au four pour leur faire prendre une couleur jaune. Mettez ces amandes dans une bassine avec du sucre en poudre ; posez la bassine sur un feu vif et remuez-en le contenu. Le sucre ne tarde pas à se fondre en caramel, de manière que les filets d'amandes s'attachent les uns aux autres. Dressez ces amandes, ainsi enduites de sucre et brûlantes, dans le fond et sur les parois d'un moule que vous aurez huilé. Il faut que la couche d'amandes soit très-mince. Le moule étant garni, on laisse refroidir les amandes, puis on renverse le moule sur un plat pour en faire sortir le nougat.

NOUILLES (*V.* POTAGE AUX NOUILLES).

NOYAU (**Ratafia de**). *Office.* Pelez et coupez par morceaux un demi-kilog d'amandes d'abricots ; mettez-les dans une cruche de grès avec une velte (7 litres) d'eau-de-vie, et laissez-les infuser pendant un mois. Faites fondre deux kilos de sucre dans deux litres d'eau ; ajoutez ce sirop à l'eau-de-vie ; mêlez bien le tout ; faites filtrer au papier gris et mettez le ratafia en bouteilles.

ŒUFS A L'ARDENNAISE. *Entremets.* Cassez une douzaine d'œufs ; séparez les jaunes des blancs, et mettez chaque jaune dans un vase à part, afin qu'ils restent entiers. Battez les blancs en neige ; mettez-y un peu de sel fin et quelques cuillerées de crème double. Versez cette neige sur une tourtière beurrée ; posez sur la neige les jaunes un à un ; mettez la tourtière sur un feu doux, et couvrez-la avec un four de campagne. Servez dès que les œufs auront pris couleur.

ŒUFS A L'AURORE. *Entremets.* Fendez des œufs durs par le milieu ; ôtez-en le jaune avec précaution pour ne pas endommager les blancs ; mettez ces jaunes dans un mortier et écrasez-les en y mêlant un peu de mie de pain trempée dans de la crème, du beurre, des fines herbes, sel et poivre. Garnissez l'intérieur des blancs d'œufs avec cette farce. Beurrez le fond d'une tourtière ; étendez sur le beurre le reste de la farce ; et posez dessus les blancs d'œufs farcis, de manière à ce que la farce soit en dessus ; posez la tourtière sur un feu doux ; couvrez-la avec un four de campagne et servez lorsque le tout sera de belle couleur.

ŒUFS AU BEURRE NOIR. *Entremets.* Faites fondre du beurre dans une poêle jusqu'à ce qu'il soit d'un roux foncé ; cassez des œufs sur un plat ; semez dessus un peu de sel et de poivre et faites glisser ces œufs dans la poêle avec précaution afin que les jaunes restent entiers ; les œufs étant cuits, faites-les glisser de la poêle sur un plat; passez un peu de vinaigre dans la poêle; versez-le bien chaud sur les œufs, et servez.

ŒUFS BROUILLÉS. *Entremets.* Faites fondre du beurre dans une casserole; cassez des œufs dessus; ajoutez sel et poivre, et faites-les cuire en les remuant continuellement avec une cuiller. On peut faire les œufs brouillés au jus en y mêlant du jus de viande pendant qu'ils cuisent et en versant un peu de ce jus sur les œufs quand ils sont dressés. On peut aussi ajouter aux œufs brouillés, pendant qu'ils cuisent, des *pointes d'asperges cuites*, des *petits pois*, des *champignons*, des *morceaux de culs d'artichauts*, des *truffes* coupées par tranches, le tout étant préalablement cuit.

ŒUFS EN CAISSE. *Entremets.* Faites des petites caisses de papier; beurrez-les, mettez dans le fond de chacune un petit morceau de beurre, des fines herbes, sel et poivre. Posez ces caisses sur le gril à un feu très-doux; lorsque le beurre commencera à fondre, vous casserez un œuf au-dessus de chaque caisse; vous semerez dessus de la mie de pain mêlée de fromage de gruyère râpé, vous laisserez cuire, et au moment de servir, vous passerez une pelle rouge au-dessus des caisses.

ŒUFS A LA COQUE. *Hors-d'œuvre.* Faites bouillir de l'eau; mettez les œufs dedans; retirez l'eau de dessus le feu à l'instant même, couvrez le vase, et retirez les œufs de l'eau au bout de trois minutes. Servez-les dans une serviette.

ŒUFS AUX FINES HERBES. *Entremets.* Maniez un morceau de beurre avec de la farine et mettez-le dans une casserole avec des échalotes, de la ciboule, du persil haché, sel et poivre; faites sauter le tout sur un feu vif; mouillez avec du vin blanc et laissez bouillir cette sauce jusqu'à ce qu'elle ait pris une consistance suffisante. D'autre part, vous aurez préparé des œufs mollets (*V.* plus loin). Dressez les œufs sur un plat, versez la sauce dessus, et servez.

ŒUFS FRITS. *Entremets.* Cassez des œufs et mettez-les un à un dans de la friture bien chaude; retirez-les avant que le jaune soit dur et dressez-les sur du jus de viande ou sur une sauce Robert (*V.* JUS, SAUCE).

ŒUFS A L'EAU. *Entremets.* Faites bouillir dans un

peu d'eau du sucre et des zestes de citron; battez dans un plat six jaunes d'œufs et un blanc en y ajoutant le sirop que vous aurez fait refroidir et que vous aurez passé au tamis, et un peu d'eau de fleur d'oranger. Mêlez bien le tout; posez le plat sur une casserole pleine d'eau en ébullition, et servez dès que les œufs seront bien pris.

ŒUFS AU LAIT. *Entremets.* Ils se préparent comme les *œufs à l'eau* (*V. plus haut*), en remplaçant l'eau par du lait. Quand les œufs sont pris, on sème du sucre en poudre dessus, et on y passe une pelle rouge pour les glacer. La proportion est de trois hectogrammes de sucre et un demi-litre de lait pour dix jaunes d'œufs ou pour six œufs entiers; car on peut employer jaunes et blancs; mais cette préparation est plus délicate quand les jaunes dominent : le blanc n'est nécessaire que pour faire prendre consistance.

ŒUFS EN MATELOTE. *Entremets.* Faites pocher des œufs (*V. ŒUFS POCHÉS*); dressez-les sur des tranches de pain rôties, et versez dessus une sauce matelotte vierge (*V. SAUCE*.

ŒUFS MOLLETS. *Entremets.* Faites cuire des œufs comme pour être mangés à la coque (*V. ci-dessus*), mais en les laissant une minute de plus dans l'eau chaude. On les retire de cette eau pour les plonger dans de l'eau froide, puis on enlève les coquilles avec précaution. Dressez ces œufs, versez une sauce blanche dessus et servez. — Les œufs ainsi cuits peuvent aussi se dresser sur du jus de viande, sur une sauce ravigote ou sur une purée d'oseille (*V. SAUCE, PURÉE*).

ŒUFS MONSTRUEUX. *Entremets.* Cassez deux ou trois douzaines d'œufs, plus ou moins selon la grosseur que vous voulez obtenir; séparez les jaunes des blancs. Ayez une vessie de cochon parfaitement lessivée et purgée de sa mauvaise odeur; emplissez-la de jaunes d'œufs; liez-en le col; plongez cette vessie dans de l'eau bouillante de manière à ce qu'elle y reste suspendue et pendant assez de temps pour que les jaunes se soient tout à fait durcis et ne forment plus qu'une masse. Coupez la vessie; retirez-en cette masse qui a pris ainsi la forme d'un énorme jaune d'œuf. Versez les blancs d'œufs dans une vessie beaucoup plus grande, et faites-y entrer l'énorme jaune qui, à cause de sa pesanteur spécifique, se tiendra au centre des blancs. Liez cette vessie; mettez-la dans de l'eau bouillante en la tenant suspendue, et laissez-la ainsi jusqu'à ce que les blancs soient parfaitement durs. Coupez cette vessie; retirez-en l'œuf monstrueux, et dressez-le sur une purée de légumes, de gibier ou de volaille.

ŒUFS A LA NEIGE. *Entremets.* Cassez une douzaine d'œufs; séparez les jaunes des blancs. Faites bouillir un litre de lait avec un hecto de sucre et un peu d'eau de fleurs d'oranger. Battez les blancs d'œufs en neige; mêlez-y un hecto de sucre en poudre et un peu de fleur d'oranger pralinée et pilée; mettez, par cuillerées, ces blancs d'œufs dans le lait bouillant et retournez-les avec une écumoire, afin qu'ils cuisent également, et dressez-les sur un plat au fur et à mesure qu'ils sont cuits. Délayez les jaunes avec le lait; faites lier ce mélange sur le feu et versez-le sur les œufs en neige. — Ce mets se sert ordinairement froid.

ŒUFS SUR LE PLAT ou AU MIROIR. *Entremets.* Faites fondre du beurre sur un plat; cassez des œufs dessus avec précaution afin que les jaunes restent entiers. Saupoudrez-les de poivre et de sel fin, et faites cuire sur un feu doux. Pendant que les œufs cuisent, on peut faire rougir une pelle, et au moment de servir, on la passe sur les œufs, afin qu'ils soient pris à la surface.

ŒUFS POCHÉS. *Entremets.* Faites bouillir de l'eau; cassez des œufs au-dessus de cette eau et le plus près possible de sa surface, afin qu'ils restent entiers. On retire ces œufs un à un, et on les emploie comme les œufs mollets (*V.* plus haut).

ŒUFS AUX POINTES D'ASPERGES. *Entremets.* Faites cuire des asperges en petits pois (*V.* cet article); étendez-les sur un plat beurré; cassez les œufs dessus, et opérez du reste comme pour les œufs brouillés (*V.* cet article).

ŒUFS A LA TRIPE. *Entremets.* Faites cuire des oignons dans du beurre sur un feu doux. Les oignons étant cuits, saupoudrez-les de farine; mouillez avec un peu de consommé et autant de crème double; ajoutez un peu de sel. D'autre part, vous aurez fait durcir des œufs; coupez ces œufs par quartiers, dressez-les sur un plat et versez la sauce dessus.

ŒUFS AU VERJUS. *Entremets.* Faites un roux blond (*V.* Roux); mouillez-le avec du verjus de manière à faire une sauce suffisamment épaisse. Battez des œufs comme pour une omelette en y ajoutant un peu de verjus, du sel et du poivre. Versez les œufs sur la sauce et faites-les cuire en les remuant sans cesse avec une fourchette.

OIGNONS A LA CRÈME. *Entremets.* Faites cuire de petits oignons dans du consommé; mettez-les ensuite dans une casserole avec du beurre; posez la casserole sur le feu; sautez les oignons dans le beurre; saupoudrez-les de farine, sel, poivre; versez dessus de la crème double et servez sur-le-champ.

OIGNONS A L'ÉTUVÉE. *Entremets.* Faites cuire aux trois quarts des oignons dans du bouillon ou du consommé, ou seulement dans de l'eau salée. Faites un roux; mouillez-le avec moitié vin rouge et moitié consommé, et mettez les oignons dans cette préparation, avec sel, poivre, bouquet garni. Les oignons étant cuits, dressez-les et entourez-les de croûtons, de câpres et de filets d'anchois.

OIE. L'oie se fait rôtir et se met en salmis comme le canard; elle se met en daube comme la dinde. Les cuisses de l'oie rôtie et refroidie se panent, se font griller, et se servent sur une sauce tartare ou à la rémolade (*V.* SAUCE).

OMELETTE. *Entremets.* Cassez des œufs et battez-les en y ajoutant du sel, du poivre, un peu d'eau ou de lait. Faites fondre du beurre dans une poêle, et quand il commence à blondir, versez dessus les œufs battus. L'omelette doit se faire cuire sur un feu vif, afin d'avoir une belle couleur. Lorsqu'elle est cuite, on la fait glisser sur un plat en la pliant en deux et l'on sert.

L'omelette ainsi préparée se nomme *omelette au naturel*; on peut faire cette omelette *au lard, aux truffes, aux champignons, aux rognons, aux pointes d'asperges*; il suffit de battre avec les œufs quelqu'une de ces substances cuites et coupées en petits morceaux. Si aux œufs on ajoute seulement du poivre, du sel, de la ciboule et du persil hachés, c'est une *omelette aux fines herbes*; si aux œufs on ajoute du fromage de gruyère râpé, c'est une *omelette au fromage;* on peut aussi mêler aux œufs battus de petits morceaux de beurre frais, et l'on a une *omelette à la célestine.* Si l'on mêle aux œufs, en les battant, du sucre en poudre, on a une *omelette au sucre.* Dans ce cas, quand l'omelette est dressée, on la saupoudre de sucre en poudre, et on passe dessus une pelle rouge pour la glacer.

OMELETTE AUX CONFITURES. *Entremets.* Battez des œufs; mêlez-y du sucre en poudre et un peu de zeste de citron, et opérez comme pour l'omelette au naturel. Au moment de dresser l'omelette, on étend au milieu une couche de gelée de groseilles ou de marmelade d'abricots; on dresse l'omelette en la pliant en deux; on la saupoudre de sucre fin et l'on passe une pelle rouge dessus pour la glacer.

OMELETTE AUX CROUTONS. *Entremets.* Coupez de la mie de pain en petites tranches; faites griller ces tranches et faites-les bouillir ensuite dans du jus de viande; mêlez ces croûtons aux œufs battus et opérez du reste comme pour l'omelette au naturel.

OMELETTE AUX OIGNONS.*Entremets.*Coupez des oignons par tranches; faites-les cuire dans du beurre avec un peu de sel et de crème; mêlez cette préparation aux œufs battus, et opérez du reste comme pour l'omelette au naturel.

OMELETTE AUX POMMES. *Entremets.* Préparez des pommes comme pour en faire des beignets (*V.* BEIGNETS DE POMMES); ajoutez aux œufs battus un peu de lait, un peu de sucre en poudre; faites revenir les tranches de pommes dans du beurre; mêlez-les aux œufs et opérez du reste comme pour l'omelette au naturel.

OMELETTE AU RHUM. *Entremets.* Mêlez aux œufs battus du sucre en poudre. Faites cuire et dressez comme l'omelette au naturel. L'omelette étant dressée, on l'arrose de rhum; on y met le feu et on la sert flambante.

OMELETTE SOUFFLÉE. *Entremets.* Cassez une douzaine d'œufs et séparez les jaunes des blancs. Battez les blancs en neige; mêlez les jaunes avec deux hectos de sucre en poudre, et un peu de zeste de citron; mêlez ensuite les jaunes et les blancs; versez cette pré-

paration sur un plat bien beurré; saupoudrez-la de
sucre; posez le plat sur un feu doux et couvrez-le avec
un four de campagne. Servez promptement dès que
l'omelette sera bien gonflée.

OMELETTE AU THON. *Entremets.* Jetez dans de l'eau
bouillante et salée deux laitances de carpes bien lavées,
et retirez-les cinq minutes après.— Ayez gros comme
un œuf de poule de thon nouveau. Hachez ensemble le
thon et les laitances; mêlez-y une échalote hachée très-
menu : faites sauter le tout à la casserole avec du beurre,
sans laisser bouillir. Prenez ensuite un morceau de
beurre; pétrissez-le avec du persil et de la ciboule bien
hachée; mettez ce beurre sur le plat dans lequel l'omelette doit être dressée, ajoutez-y le jus d'un citron et
posez le plat sur de la cendre chaude. Battez une douzaine d'œufs: mêlez-y le sauté de laitances et de thon ;
et opérez du reste comme pour l'omelette ordinaire.
Dressez l'omelette sur le plat placé sur la cendre chaude,
et servez.

ORANGES GLACÉES. *Dessert.* Enlevez la peau de quelques oranges et ôtez surtout avec soin la pellicule blanche qui recouvre immédiatement la chair du fruit.
Divisez ces oranges par quartiers sans les mutiler, et
attachez chaque quartier à un fil, en passant ce fil sous
les filaments intérieurs de l'orange. Faites cuire du
sucre au cassé (*V.* SUCRE); trempez successivement les
quartiers d'orange dans le sucre bouillant et suspendez-
les dans un endroit sec pour les laisser refroidir.

ORANGES (Salade d'). *Dessert.* Coupez des oranges
par tranches sans en ôter la peau ; dressez-les dans un
compotier; couvrez-les d'une forte couche de sucre en
poudre et arrosez-les avec de l'eau-de-vie.

ORGEAT (*V.* SIROP).

ORTOLANS. Les ortolans se mangent ordinairement
rôtis. On les barde de lard mince; on les embroche
avec une brochette de bois que l'on attache sur la broche; on les fait rôtir à feu clair et vif en les arrosant
avec du lard fondu, et au moment de servir, on jette
dessus quelques gouttes de verjus. On peut, en outre,
accommoder les ortolans comme les cailles (*V. ce mot*).

OSEILLE. *Entremets.* L'oseille seule ne se mange qu'en farce ou purée (*V.* PURÉE).

PATE A BEIGNETS (*V.* PATE A FRIRE).

PATE BRISÉE. La pâte brisée ne diffère de la pâte feuilletée que par la dose de beurre, qui est moindre pour la brisée que pour la feuilletée. Après avoir étendu la pâte, on la divise en morceaux, on la rassemble et on lui donne un tour de rouleau. On se sert particulièrement de cette pâte pour les galettes (*V.* l'article suivant).

PATE A DRESSER. Mettez sur une table un demi-kilo de farine, faites-en une sorte de bassin, au milieu duquel vous mettrez un œuf jaune et blanc, un hectogramme de beurre, un peu de sel et un peu d'eau tiède. Mêlez et pétrissez ces substances graduellement jusqu'à ce que la pâte soit ferme et unie; couvrez cette pâte avec un linge et laissez-la reposer pendant trois quarts d'heure. La pâte ainsi préparée s'emploie pour tous les pâtés froids.

PATE FEUILLETÉE. Faites une sorte de bassin sur une table, avec deux litres de farine, versez de l'eau tiède au milieu et mêlez-y un peu de sel; pétrissez la farine en y incorporant peu à peu l'eau tiède. La pâte étant faite, étendez-la; étalez sur la moitié de la pâte un demi-kilo de beurre; recouvrez le beurre avec l'autre moitié de la pâte, et laissez le tout reposer pendant vingt-cinq ou trente minutes. Etendez ensuite la pâte de manière à ce qu'elle n'ait que cinq centimètres d'épaisseur; repliez-la en trois et étendez-la ainsi trois fois de suite, en la saupoudrant à chaque fois d'un peu de farine. Laissez encore reposer la pâte pendant vingt minutes, et donnez-lui ensuite la forme que vous voudrez, soit pour galette, vol-au-vent, petits pâtés, etc.

PATE A FRIRE. Délayez de la farine avec de l'eau de manière à former une sorte de bouillie peu épaisse; ajoutez-y un peu de sel et d'eau-de-vie; battez un blanc d'œuf en neige; mêlez-le à cette pâte et laissez-la reposer pendant une heure. Cette pâte s'emploie pour les beignets et pour tous les mets frits qui doivent être trempés dans de la pâte.

PATÉS CHAUDS. (*V.* VOL-AU-VENT.)

PATÉS CHAUDS (Petits). *Entrée.* Faites une pâte feuilletée (*V.* plus haut). Etendez cette pâte de manière à ce qu'elle n'ait que deux centimètres d'épaisseur et divisez-la en rondelles d'un diamètre double de celui d'une pièce de cinq francs. Mouillez légèrement la surface de chaque rondelle, et posez sur chacune une boulette de godiveau ou (mieux) de farce de volaille. Recouvrez chaque rondelle ainsi garnie avec une rondelle semblable non garnie; soudez les deux rondelles en appuyant les bords de l'une sur les bords de l'autre; dorez ces petits pâtés, et mettez-les au four un peu chaud. Il faut manger ces pâtés quand ils sortent du four.

PATÉS FROIDS. Quelles que soient les viandes que l'on veuille mettre en pâtés froids, il faut les saturer intérieurement de sel et poivre; les piquer de lard fin et les faire revenir dans du beurre jusqu'à ce qu'elles soient aux trois quarts cuites. On fait, d'autre part, une farce soit de viande de boucherie, de volaille ou de gibier, selon ce que doit contenir le pâté (*V.* FARCE). Cela fait, prenez de la pâte à dresser (*V.* ci-dessus). Beurrez un moule, garnissez-en les parois avec cette pâte; garnissez le fond avec des bardes de lard et étendez-y une couche de farce; dressez les viandes dessus; recouvrez-les de la même farce, et recouvrez la farce elle-même de bardes de lard. Recouvrez le pâté avec la même pâte, et soudez cette espèce de couvercle avec du jaune d'œuf; dorez le pâté avec des jaunes d'œufs battus, et faites-le cuir au four bien chaud.

Nota. Les pâtés froids peuvent se faire au maigre, en employant du poisson au lieu de viande; du reste, la manière d'opérer est la même.

PATÉS AU JUS (Petits). *Entrée.* Foncez de petits moules avec de la pâte brisée (*V.* plus haut) de l'épaisseur d'une pièce de deux francs, et garnissez-en également les parois de manière à ce que la pâte dépasse le bord du moule. Remplissez les moules avec du papier ou de la farine, et faites cuire la pâte qu'ils contiennent au four chauffé modérément. Retirez les moules du feu; remplissez les petits pâtés de jus mêlé de truffes et de champignons cuits et hachés menu; couvrez chaque petit pâté d'une rondelle de pâte brisée; remettez-les au four pendant quelques instants; retirez-les; renversez les moules sur un plat, et servez aussitôt.

PÊCHES (Compote de). *Dessert.* (*V.* ABRICOT, Compote de). Opérez comme il est dit à cet article, en remplaçant les abricots par des pêches.

PÊCHES (Croûte aux). *Dessert.* (*V.* CROUTE.)

PÊCHES A L'EAU-DE-VIE. *Office.* (*V.* ABRICOTS A L'EAU-DE-VIE.) Opérez pour les pêches comme il est dit à cet article.

PERCHE AU BLEU. *Rôt.* Faites cuire la perche au court-bouillon, et servez-la comme le brochet (*V.* BROCHET).

PERCHE FRITE. *Rôt.* Videz et écaillez la perche, ciselez-la légèrement; saupoudrez-la de farine et faites-la frire.

PERDREAUX A L'ANGLAISE. *Entrée.* (*V.* PIGEONS A LA CRAPAUDINE.) Traitez les perdreaux comme il est dit à cet article.

PERDREAUX A LA BROCHE. *Rôt.* Les perdreaux étant plumés, vidés, flambés, on les barde ou on les pique de lard fin, et on les met à la broche. Il faut les débrocher au moment où ils commencent à rendre leur jus.

PERDREAUX A LA CHIPOLATA. *Entrée.* Dépecez des perdreaux; coupez du lard par petits morceaux; faites revenir les perdreaux et le lard dans du beurre; puis ôtez lard et perdreaux de la casserole, jetez un peu de farine dans le beurre, et faites un roux; mouillez avec moitié consommé et moitié vin blanc; remettez dans cette préparation les perdreaux et le lard; ajoutez de petits oignons, de petites saucisses, des champignons, un bouquet garni, sel et poivre. Laissez cuire; dégraissez; dressez le ragoût et entourez-le de croûtons (*V.* CROUTONS).

PERDREAUX (Chartreuse de). (*V.* plus bas PIGEONS, Chartreuse de).

PERDREAUX AUX CHOUX. *Entrée.* Plumez, videz, flambez des perdreaux. Foncez une casserole avec du lard, de petites saucisses, un chou frisé préalablement blanchi, carottes, oignons, bouquet garni, sel, épices. Posez les perdreaux sur cette préparation, recouvrez-les de tranches de lard; mouillez avec du bouillon ou du consommé et faites cuire pendant deux heures. Dressez les choux: posez les perdreaux dessus; entourez-les de carottes et saucisses; passez et faites réduire le fond de cuisson; versez-le sur les perdreaux et servez.

PERDREAUX A LA CRAPAUDINE. (*V.* PIGEONS.)

PERDREAUX A L'ESTOUFADE. *Entrée.* Piquez des perdreaux avec du lard très-fin; faites-les cuire à la braise (*V.* BRAISE), et dressez-les sur un peu de leur fond de cuisson dégraissé et réduit.

PERDREAUX (Galantine de). (*V.* VOLAILLE, Galantine de.) Opérez comme il est dit à cet article.

PERDREAUX (Mayonnaise de). (*V.* VOLAILLE, Mayonnaise de). Opérez comme il est dit à cet article.

PERDREAUX EN PAPILLOTES. *Entrée.* Séparez des perdreaux en deux dans toute leur longueur; faites-les revenir dans du beurre jusqu'à ce qu'ils soient cuits aux trois quarts; ôtez les pigeons, mettez dans le beurre où ils sont revenus des échalotes, du persil et des champignons hachés; faites revenir ces ingrédients; saupoudrez-les de farine et mouillez avec du vin blanc; ajoutez poivre et sel et laissez réduire. Garnissez chaque moitié de perdreau avec cette préparation; maintenez cette garniture avec des bardes de lard très-minces, et enveloppez chaque moitié ainsi garnie dans du papier beurré. Faites griller ces papillotes sur un feu doux, et servez.

PERDREAUX A LA PURÉE. *Entrée.* Faites cuire des perdreaux à la braise (*V.* BRAISE), et dressez-les sur une purée de pois ou de lentilles (*V.* PURÉES).

PERDREAUX (Salade de). (*V.* VOLAILLE, Salade de.) Opérez avec les perdreaux comme il est dit à cet article.

PERDREAUX (Salmis de). (*V.* SALMIS.)

PERDRIX (*V.* PERDREAUX). Les perdrix et les perdreaux se traitent de la même manière.

PETS DE NONNE. *Entremets.* Faites bouillir dans un demi-litre d'eau quantité égale de beurre et de sucre et le zeste d'un citron râpé. Cette eau étant bouillante, remuez-la vivement d'une main avec une cuillère de bois, tandis que de l'autre main vous la saupoudrerez de farine jusqu'à ce qu'elle forme une pâte très-épaisse. Retirez la pâte du feu ; rendez-la liquide en y mêlant des œufs que vous casserez et mêlerez successivement à la pâte. La pâte ainsi préparée, on la met dans la friture par petits morceaux de la grosseur d'une noix. Ces morceaux se gonflent ; on les retire quand ils ont pris couleur ; on les saupoudre de sucre pilé, et l'on sert.

PIGEONS (**Chartreuse de**). *Entrée.* Les pigeons étant flambés et troussés, on les fait revenir dans du beurre pour leur faire prendre couleur ; puis on mouille avec moitié vin blanc et moitié consommé, et l'on ajoute des oignons, des carottes, des navets, des laitues ficelées, un bouquet garni, poivre et sel, et on laisse cuire. D'autre part, on fait cuire des petits pois et des haricots verts. Le tout étant cuit, on coupe une partie des navets et des carottes par petits filets, et l'autre partie en rondelles assez épaisses pour conserver assez de consistance. On mêle ensemble les carottes, les navets coupés par filets, les petits pois et les haricots verts, et on les lie avec un peu de coulis blond (*V.* COULIS). Beurrez ensuite le fond et les parois d'une casserole ou d'un moule ; garnissez-en le fond avec les rondelles de carottes et navets. Coupez les pigeons en deux, et dressez-les sur les parois de la casserole en mettant entre chaque moitié une laitue et quelques ronds de carottes et navets. La casserole ou le moule étant ainsi garni tout autour, on verse dans le milieu les légumes qu'on a liés avec du coulis ; on pose le moule ou la casserole pendant quelques instants sur un feu doux ; puis on le renverse sur un plat, et l'on enlève le moule avec précaution, et l'on sert.

PIGEONS (**Compote de**). *Entrée.* Faites revenir dans une casserole des pigeons avec du petit lard coupé par morceaux. Retirez lard et pigeons quand ils auront pris couleur ; faites un roux ; mouillez avec du consommé ; remettez les pigeons et le lard dans la casserole avec des champignons, petits oignons, bouquet garni, sel et poivre, et faites cuire sur un feu doux pendant une heure et demie. Dégraissez ensuite et dressez.

PIGEONS A LA CRAPAUDINE. *Entrée.* On fend les pigeons par le dos et on les aplatit ; puis on les met dans de l'huile avec persil et ciboule hachés, sel et poivre ;

on les pane ensuite avec de la mie de pain mêlée de sel et poivre ; on les fait cuire sur le gril et on les dresse sur une sauce piquante ou sur une sauce à la tartare (*V.* Sauce).

PIGEONS A L'ÉTUVÉE. *Entrée.* Préparez les pigeons comme ceux en compote (*V.* plus haut) en supprimant le lard, les champignons et les oignons.

PIGEONS FARCIS. *Entrée.* On fend les pigeons par le dos ; on en garnit l'intérieur avec une farce de volaille (*V.* Farce) à laquelle on a ajouté les foies des pigeons hachés. Beurrez une tourtière ; posez les pigeons dessus le dos en dessus, et étendez sur la farce des blancs d'œufs battus. Posez la tourtière sur un feu doux et couvrez-la avec un four de campagne. Laissez cuire pendant une heure, et ajoutez un peu de jus de citron au moment de servir.

PIGEONS FRITS. *Entrée.* Faites cuire des pigeons à la braise (*V.* Braise). Coupez-les en quatre ; trempez-les dans une pâte à frire (*V.* Pate) ; mettez-les dans la friture bien chaude, et servez-les entourés de persil frit.

PIGEONS EN PAPILLOTES. *Entrée.* Faites cuire des pigeons dans une casserole avec du beurre, sel et poivre, du lard haché, des échalotes, des fines herbes, des champignons, le tout haché. Les pigeons étant cuits, coupez-les en deux et laissez-les refroidir dans leur assaisonnement ; vous envelopperez ensuite chaque moitié bien garnie d'assaisonnement dans une feuille de papier beurré, et vous les ferez griller sur un feu doux.

PIGEONS AUX PETITS POIS. *Entrée.* Mettez des pigeons dans une casserole avec du beurre, et faites-les rôtir en les retournant fréquemment ; d'autre part, préparez des petits pois au lard (*V.* cet article). Dressez les petits pois et posez les champignons dessus.

On peut aussi faire revenir des pigeons avec du lard coupé par morceaux ; les saupoudrer de farine ; mouiller avec du consommé ; ajouter les petits pois, sel, poivre, bouquet garni, et laisser cuire le tout ensemble.

PIGEONS ROTIS. *Rôt.* Flambez et troussez des pigeons ; bardez-les de lard mince recouvert d'une feuille de vigne, et mettez-les à la broche ; arrosez-les avec un

14.

peu de beurre, et servez-les après trois quarts d'heure de cuisson.

PIGEONS A LA SAINT-LAMBERT. *Entrée.* Faites cuire des pigeons dans du bouillon ou du consommé, avec des navets, des carottes, des oignons, du céleri, un bouquet garni. Le tout étant cuit, on écrase les légumes, on en fait une purée que l'on mouille avec du fond de cuisson, et l'on dresse les pigeons sur cette purée.

PILAU. (*V.* RIZ A LA TURQUE, Potage au.)

PINTADE. (*V.* FAISAN.) Les pintades et les faisans se préparent de la même manière.

PLIE. La plie est un poisson de mer qui s'accommode comme les limandes et les soles (*V.* ces mots).

PLUM-PUDDING. *Entremets.* Mettez dans une terrine deux hectos de graisse de bœuf hachée, un hecto de sucre, un demi-litre de lait, un kilo de farine, une douzaine d'œufs, un kilo et demie de grains de raisins secs dont vous aurez enlevé les pépins, et un verre d'eau-de-vie, un peu de muscade râpée et de zeste de citron. Mêlez bien le tout ensemble de manière à en faire une pâte; mettez cette pâte dans un linge; ficelez le linge; plongez cette préparation dans de l'eau bouillante et laissez-la bouillir pendant quatre heures; ôtez le plum-pudding de son enveloppe et servez-le. On peut servir à part une sauce composée de beurre fondu, rhum, sucre en poudre, battus ensemble. On peut aussi dresser le plum-pudding sur cette sauce.

PLUVIERS. (*V.* CAILLES.) Les pluviers et les cailles se préparent de la même manière.

POÊLE. (*V.* BRAISE.)

POIREAUX EN HACHIS. *Entremets.* Faites cuire des poireaux dans de l'eau salée; hachez-les et préparez-les comme les épinards (*V.* ce mot).

POIRÉE. *Entremets.* Faites cuire des feuilles de poirée dans de l'eau salée; hachez-les et préparez-les comme les épinards (*V.* ce mot).

POIRES A L'ALLEMANDE. *Entremets.* Pelez des poires de martin-sec; coupez-les par quartiers; ôtez-en les pépins; faites-les sauter dans du beurre; saupoudrez-les de farine; mouillez-les avec de l'eau; ajoutez du sucre et laissez cuire. Au moment de servir, liez la sauce avec des jaunes d'œufs.

POIRES (Confitures de). *Dessert.* Pelez des poires d'Angleterre bien mûres ; coupez-les par quartiers : ôtez-en les pépins. Mettez ces poires dans une terrine ; couvrez-les de sucre en poudre dans la proportion de deux hectos de sucre pour un demi-kilo de poires, et laissez-les ainsi pendant vingt-quatre heures. Au bout de ce temps, on met poires et sucre dans une bassine ; on les fait bouillir et on ajoute du zeste de citron haché très-menu. On peut servir ces poires après les avoir laissées refroidir, ou les mettre dans des pots que l'on couvre d'un morceau de papier trempé dans de l'eau-de-vie et d'un parchemin ficelé.

POIRES (Compote de). *Dessert.* (*V.* COINGS, Compote de), et opérez avec les poires comme il est dit à cet article.

POIRES (Compote de) AU VIN. *Dessert.* Opérez comme pour la compote de coings en employant moitié eau et moitié vin rouge.

POIRES A L'EAU-DE-VIE. *Office.* Pelez des poires et opérez du reste comme pour les *abricots à l'eau-de-vie* (*V.* ce mot).

POIRES GLACÉES. *Dessert.* Pelez des poires ; faites-les cuire dans de l'eau ; laissez-les égoutter, et opérez du reste comme pour les *marrons glacés* (*V.* ce mot).

POIRES TAPÉES. *Dessert.* Pelez des poires de rousselet ; mettez-les dans une bassine avec de l'eau froide et faites-les bouillir. Lorsque les poires commencent à fléchir sous le doigt, on les retire et on les fait égoutter. On met alors du sucre dans la bassine dans la proportion d'un kilo et demi de sucre pour un litre d'eau ; on fait bouillir, on écume ; on met les poires dans ce sirop et on les en retire dès qu'elles ont fait un bouillon ; on les fait sécher sur une claie et l'on recommence cette opération trois ou quatre fois. On aplatit ensuite légèrement les poires ; on les met au four doux et on les en retire pour les arranger dans des boîtes.

POIS VERTS ou PETITS POIS. *Entremets.* Mettez dans une casserole des petits pois et du beurre dans la proportion de 200 grammes de beurre pour un litre de pois ;

ajoutez un cœur de laitue ou de romaine, quelques petits oignons blancs, un bouquet de persil, un peu de sel. Faites cuire le tout sur un feu doux, et liez un peu avant de servir avec un peu de beurre mêlé de farine. On peut aussi y ajouter du sucre en poudre quelques instants avant de dresser.

POIS (**Petits**) **A L'ANGLAISE.** *Entremets.* Jetez les petits pois dans de l'eau bouillante, avec du sel et un bouquet garni et laissez-les bouillir. Les pois étant cuits, on les retire de l'eau, on les fait égoutter; on les dresse et l'on pose dessus un morceau de beurre. Servez sur-le-champ avant que le beurre ne soit fondu.

POIS (**Petits**) **AU LARD.** *Entremets.* Faites revenir du lard de poitrine coupé par petits morceaux, mouillez avec de l'eau ou du bouillon. Mettez les pois dans cette préparation, ajoutez du sel, quelques oignons blancs, un cœur de laitue, un bouquet garni et laissez cuire le tout, dégraissez et servez.

POIS SECS. Les pois secs ne se mangent ordinairement qu'en purée (*V.* PURÉE).

POIVRADE. (*V.* SAUCE.)

POMMES AU BEURRE. *Entremets.* Pelez des pommes, enlevez-en le cœur avec un emporte-pièce en fer-blanc appelé *vide-pomme.* Beurrez le fond d'une tourtière, garnissez-le de tranches de mie de pain fort minces, posez les pommes sur le pain, remplissez-les avec du sucre en poudre et posez sur le sucre un petit morceau de beurre. Posez la tourtière sur un feu doux, couvrez-la avec un four de campagne et levez ce four de temps en temps pour ajouter du sucre et du beurre dans chaque pomme. Servez dès que les pommes seront cuites et de belle couleur.

POMMES (**Charlotte de**). (*V.* CHARLOTTE.)

POMMES (**Compote de**). *Dessert.* (*V.* POIRES, Compote de.) Les pommes se traitent de la même manière.

POMMES (**Gelée de**). *Dessert.* Pelez des pommes, coupez-les par quartiers, ôtez-en les pépins et faites-les cuire dans de l'eau. Quand les pommes sont cuites on met un tamis sur une terrine, on met les pommes dans le tamis et on les presse un peu, de manière à en obtenir le jus sans les écraser. Mettez ce jus dans une terrine avec du sucre, un demi-kilo de sucre pour un demi-kilo de jus, faites bouillir un quart d'heure, ajoutez un peu de jus de citron et mettez cette gelée en pot comme la gelée de groseille (*V*. ce mot).

POMMES (**Marmelade de**). *Entremets* et *Dessert*. Pelez des pommes, ôtez-en les pepins, coupez les pommes par tranches très-minces, mettez-les dans une casserole avec du sucre et un peu de cannelle, posez la casserole sur le feu et faites sauter souvent les pommes, sans jamais les remuer avec une cuillère ou tout autre ustensile; laissez ainsi cuire les pommes jusqu'à ce qu'elles forment une marmelade blonde et bien unie. Cette marmelade se sert pour dessert, on l'emploie aussi comme entremets dans les charlottes (*V*. ce mot).

POMMES DE TERRE A L'ALLEMANDE. *Entremets*. Faites cuire des pommes de terre dans de l'eau salée, pelez-les et coupez-les par tranches, coupez de la mie de pain par tranches d'une égale dimension. Beurrez le fond d'un plat, arrangez dessus les pommes de terre et les tranches de pain en les entremêlant. Faites une bouillie avec de la fécule de pommes de terre, du lait et du sucre, versez cette bouillie sur les pommes de terre et le pain, saupoudrez la surface avec du sucre, posez le plat sur un feu doux, couvrez-le avec un four de campagne et servez lorsque cela aura pris couleur.

POMMES DE TERRE A L'ANGLAISE. *Entremets*. Faites cuire des pommes de terre dans de l'eau salée, coupez-les par tranches, mettez-les dans une casserole avec du beurre, sel, poivre, muscade, faites-les sauter un instant et servez.

POMMES DE TERRE A LA BARIGOULE. *Entremets*. Pelez des pommes de terre, faites-les cuire dans du consommé. Retirez les pommes de terre dès qu'elles sont cuites, faites-les égoutter, mettez-les dans une casserole avec de l'huile et faites-leur prendre couleur sur un feu ardent. Servez. On assaisonne les pommes de terre ainsi cuites avec de l'huile, du vinaigre, sel et poivre.

POMMES DE TERRE SAUTÉES AU BEURRE. *Entremets*. Pelez des petites pommes de terre crues, mettez-les dans une casserole avec du beurre, et faites-les sauter sur un feu ardent jusqu'à ce qu'elles soit cuites et d'une belle couleur jaune, dressez-les, semez dessus un peu de sel fin et servez.

POMMES DE TERRE A LA SAUCE BLANCHE. *Entremets.* Faites cuire des pommes de terre dans de l'eau salée, pelez-les, coupez-les par tranches et versez une sauce blanche dessus (*V.* SAUCE).

POMMES DE TERRE A LA SAUCE BLONDE. *Entremets.* Opérez comme il est dit à l'article précédent, en remplaçant la sauce blanche par de la sauce blonde(*V.*SAUCE).

POMMES DE TERRE EN BOULETTES. *Entremets.* Faites cuire des pommes de terre à l'eau où à la vapeur, épluchez-les et pilez-les; ajoutez dans le mortier des œufs, de la crème, sel, persil, ciboule, muscade. Mêlez le tout de manière à ce que cela forme une pâte bien unie, divisez cette pâte par petites boulettes, faites-les frire et servez-les de belle couleur.

POMMES DE TERRE A LA CRÈME. *Entremets.* Faites cuire des pommes de terre à l'eau et coupez-les par tranches; mettez dans une casserole du beurre et un peu de farine faites, fondre le beurre en remuant, ajoutez de la crème double, sel, poivre, muscade. Mettez les pommes de terre dans cette préparation, laissez-les bouillir deux ou trois minutes, et dressez.

POMMES DE TERRES DUCHESSES. *Entremets.* Faites une pâte comme il est dit à l'article *pommes de terre en boulettes* (*V.* plus haut). Faites de cette pâte des espèces de petites galettes. Mettez ces galettes dans une casserole avec du beurre, et faites-leur prendre couleur. Versez sur un plat de la crème bouillie, réduite et sucrée, et dressez les pommes de terre dessus.

POMMES DE TERRE A L'ÉTUVÉE. *Entremets.* Faites cuire des pommes de terre à l'eau; coupez-les par tranches, et mettez-les dans une casserole avec du beurre. Le beurre étant fondu, ajoutez un peu de farine, poivre, sel, ciboule et persil hachés. Mouillez avec moitié consommé et moitié vin; laissez réduire la sauce et dressez.

POMMES DE TERRE FARCIES. *Entremets.* Pelez de grosses pommes de terre crues; creusez-les avec un couteau; beurrez l'intérieur et emplissez-le avec du godiveau ou de la farce de volaille (*V.* ces mots). Arrangez ces pommes de terre sur une tourtière beurrée; mettez la tourtière sur un feu doux ; couvrez-la avec un four de campagne, et servez au bout de trois quarts d'heure.

POMMES DE TERRE FRITES. *Entremets.* Pelez des pommes de terre crues ; coupez-les par rondelles minces ou par petits quartiers ; mettez-les à la friture bien chaude, et servez-les bien jaunes, égouttées et saupoudrées de sel fin.

POMMES DE TERRE EN GALETTE. *Entremets.* Faites cuire des pommes de terre à la vapeur ; épluchez-les ; pétrissez-les avec du beurre, du lait, du poivre et du sel. Beurrez une tourtière ; étendez cette pâte dessus et couvrez la tourtière avec un four de campagne bien chaud. Servez dès que cela aura pris couleur.

POMMES DE TERRE EN GATEAU. *Entremets.* Faites cuire des pommes de terre à la vapeur ; épluchez-les ; écrasez-les et délayez-les avec des jaunes d'œufs et de la crème ; mettez le tout dans une casserole avec du beurre, du sucre et un peu de fleur d'oranger. Posez la casserole sur le feu et ne cessez d'en remuer le contenu jusqu'à ce que cette préparation forme une espèce de purée bien chaude (il ne faut pas qu'elle bouille). Beurrez un moule; semez sur le beurre de la mie de pain émiettée, et versez la préparation dans le moule ; posez ce dernier sur un feu doux ; couvrez-le avec un four de campagne ; retirez-le au bout d'une heure ; renversez le moule sur un plat; enlevez ce moule avec précaution et servez.

POMMES DE TERRE GRILLÉES. *Entremets.* Faites cuire de grosses pommes de terre dans de l'eau bien salée ; pelez-les ; coupez-les en deux ; faites-les griller ; saupoudrez-les de sel fin et arrosez-les d'huile.

POMMES DE TERRE AU LARD. *Entremets.* Faites revenir dans du beurre du lard de poitrine coupé par petits morceaux ; saupoudrez-les de farine ; laissez la farine roussir et mouillez ensuite avec du bouillon et du vin. Mettez dans cette préparation les pommes de terre crues ; ajoutez sel, poivre, bouquet garni et laissez cuire. Lorsque les pommes de terre sont cuites, on dégraisse la sauce et l'on sert.

POMMES DE TERRE A LA LYONNAISE. *Entremets.* Faites cuire des pommes de terre dans de l'eau salée; épluchez-les, coupez-les par tranches ; dressez-les sur un plat bien chaud; versez dessus une purée d'oignons (*V.* PURÉE) et servez.

POMMES DE TERRE A LA MAITRE-D'HOTEL. *Entremets.* Les pommes de terre étant cuites dans de l'eau salée, on les coupe par tranches; on les met dans une casserole avec du beurre, persil, ciboule, hachés, sel, poivre, jus de citron; on les fait sauter un instant sur le feu, et l'on sert dès que le beurre est fondu.

POMMES DE TERRE A LA PARISIENNE. *Entremets.* Pelez des pommes de terre crues; faites revenir dans du beurre un oignon coupé par petits morceaux; mouillez avec du bouillon; mettez les pommes de terre dans cette préparation avec sel, poivre, bouquet garni; faites cuire sur un feu doux et dressez.

POMMES DE TERRE A LA POLONAISE. *Entremets.* Opérez comme il est dit à l'article *Pommes de terre à la sauce blanche,* en ajoutant des câpres.

POMMES DE TERRE EN PURÉE. *Entremets.* (*V.* PURÉE.)

POMMES DE TERRE EN PYRAMIDE. *Entremets.* Faites cuire et écrasez des pommes de terre comme pour en faire une purée; mettez-les dans une casserole avec du beurre, un peu de sel et du lait. Posez la casserole sur le feu; et à mesure que les pommes de terre se dessèchent, ajoutez-y un peu de lait. Cette préparation doit être assez épaisse pour être dressée en pyramide; on couvre cette pyramide avec un four de campagne, et l'on sert dès qu'elle a pris couleur.

POMMES DE TERRE EN SALADE. Faites cuire des pommes de terre dans de l'eau salée; coupez-les par tranches; arrangez-les dans un saladier avec des filets d'anchois, des câpres, des betteraves, des cornichons coupés par tranches et des fines herbes. Ces pommes de terre s'assaisonnent sur table, avec de l'huile, du vinaigre, sel et poivre.

PORC FRAIS A LA BROCHE. *Rôt.* Lavez un filet de porc frais et faites-le mariner dans de l'huile avec sel, poivre, fines herbes, oignons coupés par tranches. Le filet doit passer au moins vingt-quatre heures dans cette marinade; on le met à la broche ensuite, et, pendant qu'il cuit, on l'arrose avec la marinade.

L'échinée de cochon se traite de la même manière.

Porc frais (Côtelettes de). *Entrée.* Faites mariner les côtelettes comme il est dit à l'article précédent pour le filet ; faites-les griller et dressez-les sur une sauce piquante ou sur une sauce tomate.

Potage aux boulettes. Mêlez dans un vase quelconque un litre de lait, du beurre, du poivre ; remuez avec une cuillère de bois, et tandis que vous remuez d'une main, saupoudrez le lait avec de la farine jusqu'à ce que cela forme une pâte. Etendez cette pâte sur une table saupoudrée de farine ; faites-en des boulettes grosses comme des avelines, et faites revenir ces boulettes dans du beurre jusqu'à ce qu'elles soient bien jaunes. Dressez les boulettes dans une soupière ; versez du bouillon par dessus, et servez.

Potage au chasseur. (*V.* Potage aux choux) ; le potage au chasseur se fait de la même manière ; seulement on ajoute aux choux, en les faisant cuire, un lapin coupé par morceaux.

Potage a la chantilly. (*V.* Potage a la purée.) Le potage dit à la chantilly n'est autre chose que de la purée de pois ou de lentilles éclaircie avec du bouillon et qu'on verse sur des croûtons frits dans du beurre.

Potage a la chicorée. Coupez par filets minces de la chicorée frisée ; faites-la revenir dans du beurre ; mouillez avec du bouillon si le potage doit être au gras, avec de l'eau s'il doit être au maigre. La chicorée étant cuite, versez le tout sur le pain préparé dans la soupière. Si le potage est au maigre, il faut augmenter la dose de beurre, et lier le bouillon avec des jaunes d'œufs avant de le verser sur le pain.

Potage aux choux. Après avoir fait blanchir un chou, mettez-le dans une casserole ou une marmite avec du petit lard, quelques tranches de jambon et de mouton, un bouquet garni ; mouillez avec de bon bouillon, et faites cuire à petit feu pendant quatre heures. Cela fait, versez le bouillon dans lequel aura cuit le chou sur du pain préparé comme pour le potage au pain ; arrangez le chou par dessus et faites mitonner le tout pendant un quart d'heure.

Quelques cuisiniers dressent le petit lard par dessus le chou ; ce sont des ignorants : la viande en morceaux

dans un potage quelconque ne peut être qu'un objet de
dégoût.

On prépare de la même manière les potages aux laitues, carottes, au céleri, aux concombres, navets.

On peut ajouter du fromage à ces divers potages, et,
dans ce cas, voici comment l'on opère : les choux, carottes, concombres ou céleri étant cuits comme il est dit
ci-dessus, on fonce une casserole avec d'excellent beurre
frais ; puis on arrange successivement par dessus un lit
de pain coupé en tranches, un lit de fromage de gruyère
râpé, un lit de choux ou de céleri, carottes, concombres, etc., et ainsi de suite jusqu'à ce que tous les choux
ou autres légumes soient employés ; on verse le bouillon
par dessus, et l'on fait mitonner le tout pendant un quart
d'heure.

Quelques artistes, avant de faire cuire les navets avec
le petit lard, les font revenir dans le beurre afin de
leur donner une belle couleur ; ce procédé n'est pas à
dédaigner.

Il est bon d'assaisonner fortement le bouillon dans
lequel on fait cuire les concombres, la chair de ce
légume étant très-fade, et d'augmenter la dose de petit
lard.

Tous ces potages se font au maigre en employant du
beurre au lieu de lard, en mouillant avec du bouillon
maigre bien assaisonné et en liant avec des jaunes d'œufs
au moment de servir.

POTAGE AUX CHOUX-FLEURS. Epluchez des choux-
fleurs et faites-les revenir dans du beurre. Lorsqu'ils
sont bien jaunes, on mouille avec du bouillon, et lorsqu'ils sont à moitié cuits, on y ajoute des tranches de
pain grillées, et on laisse mitonner le tout sur un feu
doux. Si le potage doit être au maigre, on remplace le
bouillon par de l'eau ; on augmente la dose de beurre
et on ajoute au moment de servir une liaison de jaunes
d'œufs.

POTAGE AUX CONCOMBRES *V.* POTAGE AUX CHOUX.

POTAGE A LA CONDÉ. Faites une purée claire de haricots rouges (*V.* PURÉE), et versez-la sur des croûtons
coupés en dés et frits dans du beurre.

POTAGE A LA CRÉCY. Faites une purée claire avec

moitié carottes, moitié navets (*V.* Purée), et versez-la sur des croûtons frits dans du beurre.

POTAGE AUX CROUTONS. Dressez dans la soupière des croûtons coupés en dés et versez dessus une purée claire de pois, de lentilles ou de tout autre légume (*V.* Purée).

POTAGE AUX ÉCREVISSES ou BISQUE. La *bisque d'écrevisses* n'est autre chose que du *coulis d'écrevisses* (*V.* Coulis) mêlé d'excellent consommé, et versé bien chaud sur des mies de pain frites dans du beurre. On peut pourtant y apporter quelques modifications ; par exemple, au lieu de mêler les queues d'écrevisses pilées aux écailles également pilées, et d'en faire une seule purée, on peut en faire deux purées distinctes : celle obtenue des coquilles est alors d'un beau rouge. On verse d'abord sur le pain la purée des chairs étendue dans une suffisante quantité de consommé ; puis, en dernier lieu, on verse sur le tout la purée de coquilles très-épaisse, ce qui donne au potage un aspect très-agréable.

Pour que la purée des chairs soit suffisamment épaisse, on peut piler en même temps que ces chairs une petite quantité de riz à demi-cuit dans du bouillon.

POTAGE A LA FAUBONNE. Ce potage est tout simplement une julienne dont les carottes, navets, etc., sont coupés en dés au lieu d'être coupés en filets (*V.* Potage a la julienne).

POTAGE A LA FÉCULE. (*V.* Potage aux pates d'Italie), et opérez comme il est dit à cet article pour la semoule, en remplaçant la semoule par la fécule de pommes de terre.

POTAGE A LA FLAMANDE. Faites une purée de navets, pommes de terre et pain bouilli ; ajoutez-y du cerfeuil haché, et servez sans pain (*V.* Purée).

POTAGE AU FROMAGE (*V.* Potage aux choux).

POTAGE DE GARBURE. Faites cuire des laitues parées et ficelées dans du bouillon, avec des tranches de lard, des oignons, des carottes, poivre et sel. Lorsque les laitues sont cuites, on les débarrasse du fil qui les entoure ; on les dresse sur un plat en faisant successivement un lit de laitues, un lit de tranches de pain, et en semant sur les laitues un peu de gros poivre. On mouille le tout avec le bouillon dans lequel les laitues ont cuit, et on pose le plat sur un feu doux pour le faire gratiner. La garbure de choux se fait de la même manière.

POTAGE AUX GRENOUILLES. Faites bouillir du bouillon de grenouilles (*V.* BOUILLON), et versez-le sur des croûtes de pain chapelées et arrangées dans une soupière; ajoutez-y, au moment de servir, une liaison de jaunes d'œufs battus avec de la crème, et servez.

POTAGE AUX HERBES. Hachez ensemble de l'oseille, de la poirée, du cerfeuil; faites-les cuire dans du beurre; mouillez avec du bouillon; laissez bouillir un instant; liez avec des jaunes d'œufs au moment de servir, et versez le tout sur des tranches de pain.

POTAGE AUX JAUNES D'ŒUFS. Battez des jaunes d'œufs en les mêlant peu à peu avec du consommé, de manière à employer un litre de consommé pour quinze jaunes d'œufs. Le tout étant bien mêlé, versez-le dans un plat; posez ce plat sur une casserole pleine d'eau bouillante et continuez à faire bouillir l'eau jusqu'à ce que le mélange de jaunes d'œufs et de consommé soit pris en crème; coupez, avec une écumoire, cette crème en tranches minces; mettez au fur et à mesure ces tranches dans du consommé bien chaud, et servez sur-le-champ.

POTAGE A LA JULIENNE. Le potage à la julienne se compose de bouillon excellent et de légumes et racines de toute espèce. Coupez en dés ou par fractions très-minces des carottes, navets, panais, laitues, choux, céleri, poireaux; passez au beurre dans une grande casserole ces légumes ainsi coupés; puis à mesure qu'ils commencent à prendre couleur, mouillez-les avec d'excellent bouillon; laissez cuire jusqu'à ce que tous les légumes fondent sous le doigt et servez.

La julienne se sert sans pain; c'est la recette que nous venons de donner; mais on peut aussi y admettre du pain, et alors, voici comment on opère: le potage étant préparé, comme il est dit plus haut, on coupe symétriquement des croûtes de pain que l'on fait revenir dans le beurre; lorsqu'elles sont d'une belle couleur, on les met dans la soupière et l'on verse la julienne dessus.

On peut faire entrer dans la julienne des culs d'artichauts, des morilles coupées par tranches, des truffes et des champignons coupés en dés, etc. On peut aussi y ajouter de la purée de pois, de lentilles, de carottes, et cela, couvert d'un consommé bien chaud, est toujours excellent.

La *julienne au maigre* ne le cède en rien à la julienne au gras : ici, il est vrai, le bouillon corsé vous manque ; mais vous avez le coulis d'écrevisses ; vous mouillez avec de l'eau ; mais vous triplez la dose d'excellent beurre, et vous arrivez au même résultat.

POTAGE AU LAIT. Toutes les pâtes d'Italie, le pain, le riz, peuvent servir à faire des potages au lait ; on opère de la même manière que si on les préparait avec du bouillon ; seulement, à ce dernier, on substitue de bon lait, et l'on sucre au lieu de saler.

POTAGE AU LAIT D'AMANDES. Jetez deux hectos d'amandes douces dans de l'eau bouillante afin de pouvoir en enlever facilement la pellicule ; laissez-les sécher et pilez-les dans un mortier en les arrosant de temps en temps d'un peu d'eau pour empêcher qu'elles ne tournent en huile. Mettez, d'autre part, dans une casserole, la même quantité (200 grammes) de sucre, un peu de cannelle, deux pincées de coriandre, un zeste de citron, quelques grains de sel; arrosez d'eau en remuant. Faites bouillir cette préparation, et arrosez-en les amandes pilées en les passant à l'étamine. Le résultat de cette opération sera un liquide blanc, onctueux, parfumé, auquel on a donné le nom de lait d'amandes. Arrangez, dans une soupière, des croûtes de pain tendre chapelées, saupoudrez-les de sucre, et versez dessus le lait d'amandes après l'avoir fait chauffer au bain-marie jusqu'à ce qu'il ait atteint la température de l'eau bouillante.

Ce potage a passé pendant longtemps pour un puissant digestif; c'était une erreur, les amandes étant au contraire très-indigestes ; mais le lait d'amandes n'en est pas moins un mets délicieux, et très-justement estimé des dames.

POTAGE AUX LAITUES. (*V.* POTAGE AUX CHOUX.)

POTAGE AU MACARONI. (*V.* POTAGE AUX PATES D'ITALIE.)

POTAGE AUX MARRONS. Le potage aux marrons ordinaire n'est autre chose qu'une purée de marrons mouillée de bon bouillon et versée bouillante sur des morceaux de mie de pain coupés en dés et frits dans de bon beurre. Il suffit, pour le préparer, de faire cuire des marrons dans de l'eau salée, de les éplucher, de les piler dans un mortier, et de les passer à l'étamine. C'est alors tout simplement un potage à la purée que l'on peut corser en y ajoutant un peu de coulis ; mais ce n'est pas là le véritable *potage aux marrons* qu'on appelle aussi *potage distingué* ou *garbure;* à la confection de ce dernier, on procède comme il suit :

Après avoir fait rôtir et laissé refroidir une perdrix, pilez-en les chairs dans un mortier de marbre. D'autre part, vous ferez rôtir une quarantaine de beaux marrons ; épluchez soigneusement ces marrons ; faites-les bouillir pendant deux heures dans de bon bouillon, puis ajoutez-les à la perdrix pilée, et pilez de nouveau jusqu'à ce que le tout soit bien amalgamé. Passez cette préparation au tamis en la pressant et la mouillant de bon bouillon pour l'aider à passer et en obtenir une purée claire ; faites bouillir cette purée et versez-la sur des mies de pain coupées en dés et frites dans du beurre.

Ce potage est éminemment réparateur, et il peut être modifié de plusieurs manières sans cesser d'être excellent.

POTAGE A LA MOELLE. Faites fondre de la moelle de bœuf ; passez-la au tamis et faites-en une sorte de liaison en la mêlant avec des jaunes d'œufs. Dressez un potage au pain (*V. cet article plus haut*), et versez la liaison dessus.

POTAGE A LA MONACO. Faites griller des tranches de pain ; dressez-les dans une soupière ; couvrez-les de sucre ; versez dessus du lait bouillant et ajoutez une liaison de jaunes d'œufs.

POTAGE AUX MOULES. Grattez et lavez des moules ; mettez-les dans une casserole et posez cette casserole sur un feu vif pour les faire ouvrir ; recueillez l'eau que les moules auront rendue et tirez-la à clair. Faites frire un oignon haché dans du beurre ; mouillez-le avec l'eau des moules ; ajoutez d'autre eau en suffisante quantité, du beurre, du sel, du poivre, et les moules que vous aurez retirées des coquilles ; faites bouillir le tout ensemble et versez-le sur le pain arrangé dans la soupière.

POTAGE AUX NAVETS (*V.* POTAGE AUX CHOUX).

POTAGE A L'OIGNON. On dit communément d'une chose vieille : *Cela est neuf comme la soupe à l'oignon.* On pourrait donc croire que la recette de la soupe à l'oignon est généralement connue? Eh bien ! c'est au contraire la chose la plus ignorée ; nous allons essayer de la faire connaître.

Coupez, en forme de petits dés, ou par tranches très-minces, quelques oignons, et faites-les revenir dans d'excellent beurre jusqu'à ce qu'ils aient pris une belle couleur dorée ; mouillez-les alors avec un peu de consommé, et passez le tout au tamis en pressant un peu comme pour obtenir une purée. Remettez cette purée sur le feu et mouillez-la avec de bon bouillon. D'autre part, vous aurez fait revenir dans du beurre de petits morceaux de pain coupés en dés. Ce pain étant de belle couleur, versez dessus le bouillon dès qu'il sera bouillant ; ajoutez-y un peu de coulis d'écrevisses, et servez sur-le-champ.

Cette soupe ou potage se fait aussi au maigre ; on augmente alors la dose de beurre ; on mouille avec de l'eau, et l'on se sert de coulis d'écrevisses fait au maigre.

On comprend que, dans cette préparation, le coulis n'est pas rigoureusement indispensable ; on peut aussi se dispenser de passer les oignons quand ils sont revenus, et si l'on opère en maigre, on peut substituer le lait à l'eau. Toute latitude est laissée sur ces modifications à la cuisinière qui doit tenir compte du goût des personnes auxquelles la préparation est destinée.

POTAGE A L'OSEILLE (*V.* POTAGE AUX HERBES), et opérez comme il est dit à cet article.

POTAGE AU PAIN. Arrangez dans une soupière des croûtes de pain et versez dessus du bouillon bouillant (*V.* BOUILLON).

Les boulangers de Paris et ceux des grandes villes vendent une sorte de pain préparé exprès pour les potages ; on peut y suppléer par la croûte de pain ordinaire que l'on fait sécher au feu.

POTAGE dit PANADE. Faites revenir et jaunir des

croûtes de pain dans du beurre frais. Lorsque ces croûtes seront d'une belle couleur dorée ; vous les mouillerez
avec de l'eau, et vous y ajouterez du sel et du poivre,
puis vous laisserez bouillir le tout jusqu'à ce que le pain
soit bien dissous. La dissolution étant complète, ôtez la
casserole du feu ; ajoutez à son contenu un morceau de
beurre frais ; faites sauter et lorsque le beurre sera fondu,
versez sur le tout une liaison composée de jaunes d'œufs
et de crème.

Cette préparation, quand elle est bien faite, est un
des meilleurs potages maigres que l'on puisse manger ;
mais il faut pour cela que les proportions soient bien
observées.

POTAGE AUX PATES D'ITALIE. Les potages aux pâtes
d'Italie, vermicelle, macaroni, lazagne, etc., se font tous
de la même manière. On fait chauffer du bouillon, et
lorsqu'il commence à bouillir, on jette dedans la pâte
(vermicelle ou autre) que l'on a préalablement concassée
en la pressant entre les doigts ; et on laisse bouillir le
tout jusqu'à ce que la pâte s'écrase facilement sous la
plus légère pression. La proportion est d'un hectogramme de pâte pour un litre de bouillon.

Assez ordinairement on ajoute au potage au macaroni
un peu de fromage de gruyère ou de parmesan râpé.
Cette addition se fait quelques instants avant de retirer
le potage du feu ; on peut cependant servir le fromage
râpé à part.

La semoule, de même que le vermicelle et les autres
pâtes, se jette dans le bouillon lorsque ce dernier est en
pleine ébullition ; mais il faut, tandis qu'on verse la
semoule d'une main, de l'autre remuer sans cesse le
bouillon avec une cuillère de bois afin d'éviter qu'il se
forme des grumeaux.

POTAGE AUX PETITS POIS. Hachez un peu de laitue,
de cerfeuil et d'oseille ; faites-les revenir dans du beurre ;
mouillez avec de l'eau. Faites bouillir cette eau et jetez
des petits pois dedans en y ajoutant du sel. Lorsque
les pois sont cuits, on ajoute du beurre et on verse le
tout sur des croûtons frits dans du beurre et saupoudrés
de sucre.

POTAGE AUX POIREAUX. Coupez des poireaux par
petits morceaux et faites-les frire dans du beurre jusqu'à

ce qu'ils soient bien jaunes ; mouillez avec de l'eau ou du bouillon ; ajoutez un peu de sel et de beurre, et versez le tout bouillant sur des croûtes de pain.

POTAGE AU POISSON. Écaillez un brochet ; coupez-le par tronçons ; faites-le cuire dans du court-bouillon (*V.* COURT-BOUILLON) en y ajoutant un peu d'huile. Le brochet étant cuit, dressez-le sur des tranches de pain ; faites réduire le court-bouillon ; versez-le dessus et servez.

On peut encore laisser cuire une partie du poisson jusqu'à ce qu'il soit près de se dissoudre ; on en fait une purée que l'on passe à l'étamine avec le court-bouillon ; on fait bouillir cette purée et on la verse sur le reste du poisson dressé comme il est dit plus haut. On peut employer pour ce potage tous les poissons qui entrent dans la matelotte (*V.* ce mot).

POTAGE AUX POMMES DE TERRE. Faites une purée de pommes de terre (*V.* PURÉE) ; éclaircissez-la avec du bouillon, et versez-la bouillante sur des croûtons frits dans du beurre.

POTAGE AU POTIRON. Faites cuire avec du beurre, dans une petite quantité d'eau, un morceau de potiron bien épluché, jusqu'à ce qu'il soit réduit en purée ; mouillez alors le potiron avec une suffisante quantité de lait bouillant et sucré, et versez le tout sur des croûtes de pain préparées dans une soupière.

POTAGE PRINTANIER. Faites bouillir dans une suffisante quantité d'eau des pois verts, de la laitue ; un peu de cerfeuil, de persil, de pourpier, quelques oignons et du beurre très-frais. Le tout étant cuit, passez-le à l'étamine pour en obtenir une purée. Faites bouillir cette purée ; versez-la sur des croûtes chapelées, et versez pardessus une liaison composée de jaunes d'œufs et de crème.

Ces sortes de potages se modifient de plusieurs manières, selon la saison : ce n'est, à vrai dire, qu'une julienne au maigre dans laquelle on fait entrer toutes sortes de légumes verts.

POTAGE A LA PURÉE (*V.* POTAGES *à la Condé, à la Crécy, à la Chantilly, aux croûtons.*)

POTAGE A LA PURÉE DE GIBIER. Pilez dans un mortier les chairs d'une perdrix rôtie et refroidie ; mouillez avec du consommé et passez le tout au tamis. Ajoutez la quantité de consommé nécessaire pour que cette purée ne soit ni trop claire ni trop épaisse ; faites-la chauffer au bain-marie afin qu'elle ne bouille pas, et versez-la sur des mies de pain taillées en dés et frites dans le beurre.

Fait de cette manière, le potage à la purée de gibier est très-bon ; on le rend excellent en y ajoutant un peu d'essence de gibier (*V.* Essence). Si l'on faisait du consommé tout exprès pour ce potage, il serait bien de substituer à la poule ou au chapon qui entre dans cette préparation deux perdrix ou un faisan.

POTAGE A LA PURÉE DE VOLAILLE. Opérez comme il est dit à l'article précédent en remplaçant le gibier par de la volaille.

POTAGE AU RIZ. Mettez dans une casserole du riz bien lavé, versez dessus du bouillon juste ce qu'il en faut pour le couvrir et mettez la casserole sur le feu. A mesure que le riz se gonfle, on ajoute du bouillon chaud jusqu'à ce qu'il soit bien crevé.

Le riz au lait se fait de la même manière, en remplaçant le bouillon par du lait.

POTAGE AU RIZ A LA TURQUE ou PILAU. Faites revenir dans du beurre des oignons et des carottes ; mouillez-les avec de l'eau ; ajoutez sel, poivre, muscade ; laissez-les cuire et faites-en une purée claire à laquelle vous ajouterez un peu de safran. D'autre part, après avoir lavé du riz, vous le mettrez dans une casserole avec un peu d'eau, et vous poserez la casserole sur le feu. L'eau qui couvrait le riz étant tarie, vous le mouillerez peu à peu avec la purée ; ajoutez du beurre, un peu de poivre. Lorsque le riz est crevé, on le met dans une casserole que l'on a préalablement beurrée ; on pose cette casserole sur le feu, et on laisse épaissir le riz jusqu'à ce qu'il soit presque sec ; on sert alors ce riz avec du consommé à part.

POTAGE A LA SEMOULE (*V.* Potage aux pates d'Italie).

POTAGE AUX TOMATES. Préparez des tomates comme pour en faire une sauce (*V.* Sauce). Cette sauce n'est autre chose qu'une purée qu'il suffit d'éclaircir avec du bouillon et de verser bouillante sur des croûtons frits au beurre, pour en faire un potage.

POTAGE AU VERMICELLE (*V.* POTAGE AUX PATES D'ITALIE).

POTAGE A LA VIERGE. Pilez dans un mortier de marbre des blancs de volaille rôtie avec quelques amandes douces et des jaunes d'œufs durs ; mouillez avec du consommé. Passez cette préparation à l'étamine, ajoutez-y un peu de crème et faites-la chauffer au bain-marie. D'autre part, vous aurez fait mitonner des croûtes de pain chapelées comme pour en faire un simple potage. Laissez sur ces croûtes la quantité de consommé suffisante, et au moment de servir, ajoutez-y la préparation chauffée au bain-marie.

POT-AU-FEU (*V.* BOUILLON).

POTIRON. *Entremets.* Le potiron, comme entremets, ne se mange qu'en purée : on l'épluche ; on le fait cuire dans du bouillon ; on le passe à l'étamine en le mouillant avec son fond de cuisson ; on ajoute sel et poivre ; un peu de jus de viande réduit.

Si la purée doit être au maigre, on remplace le bouillon par de l'eau salée ; on ajoute du beurre, de la crème et quelques jaunes d'œufs en liaison.

POULARDE (*V.* CHAPON, DINDE). La poularde se traite de la même manière que ces deux autres volailles.

POULE EN DAUBE. *Entrée.* (*V.* DINDE EN DAUBE), et opérez comme il est dit à cet article.

POULE FRITE. *Rôt.* Dépecez une poule cuite dans le pot-au-feu ; trempez les morceaux dans une pâte à frire, et mettez-les à la friture bien chaude. Servez-les de belle couleur.

POULE AUX OIGNONS. *Entrée.* Faites cuire une poule à la braise (*V.* BRAISE) ou dans le pot-au-feu. D'autre part, vous ferez revenir des petits oignons dans du beurre jusqu'à ce qu'ils soient bien jaunes ; mouillez-les avec du fond de cuisson de la poule, et laissez un peu réduire ce fond. Dressez la poule ; entourez-la avec les oignons et versez dessus le fond réduit.

POULE AU RIZ. *Entrée.* (*V.* CHAPON AU RIZ) et opérez comme il est dit à cet article.

POULE D'EAU. (*V.* CANARD SAUVAGE); ces deux volatiles se traitent de la même manière.

POULET AU BEURRE D'ÉCREVISSES. *Entrée.* Faites cuire un poulet à la braise; mettez dans une casserole du beurre d'écrevisses (*V.* SAUCE); faites-le fondre; mêlez-y un peu de farine; mouillez avec un peu du fond de braise; versez cette sauce sur un plat et dressez le poulet dessus.

POULET A LA DIABLE. *Entrée.* Fendez un poulet par le dos; faites-le griller, et servez-le comme les pigeons à la crapaudine (*V.* cet article).

POULET A L'ESTRAGON. *Entrée.* Pétrissez du beurre avec de l'estragon haché, et emplissez-en le corps d'un poulet; faites cuire ce poulet dans une casserole avec de l'eau, des carottes, des oignons, bouquet garni, sel et poivre, des tranches de lard et quelques branches d'estragon. L'eau ne doit pas recouvrir entièrement le poulet. Le poulet étant cuit, retirez-le. Passez son fond de cuisson au tamis; faites-en réduire une partie jusqu'à ce qu'elle soit en glace; mouillez cette glace peu à peu avec l'autre partie du fond de cuisson; ajoutez un peu de farine, des feuilles d'estragon. Versez cette sauce sur un plat quand elle sera suffisamment brune et épaisse, et dressez le poulet dessus.

POULET FARCI. Garnissez l'intérieur d'un poulet avec une farce de poisson à laquelle vous aurez ajouté des truffes cuites au vin et coupées par tranches. Le poulet ainsi préparé peut se mettre à la broche, et alors on le sert comme rôt; ou bien on le fait cuire à la braise (*V.* BRAISE); on le dresse sur un peu de son fond de cuisson dégraissé et réduit, et on le sert comme entrée.

POULET (**Fricassée de**). *Entrée.* Dépecez un poulet; mettez-le dans une casserole où vous aurez fait fondre du beurre; mouillez presque aussitôt avec de l'eau; ajoutez sel, poivre, bouquet garni, des champignons, des écrevisses. Le tout étant cuit, liez la sauce avec des jaunes d'œufs mêlés d'un peu d'essence de volaille (*V.* ESSENCE), et dressez.

POULET FRIT. *Rôt.* (*V.* POULE FRITE.) Opérez avec le poulet comme avec la poule.

POULET GRILLÉ. *Entrée.* Faites mariner, pendant deux ou trois heures, un jeune poulet dans de l'huile, avec sel, poivre, oignons coupés en tranches, persil, ciboule. Étendez la marinade sur une feuille de papier beurré; posez le poulet dessus; ajoutez des bardes de lard très-minces; enveloppez le poulet dans le papier de manière à ce que le poulet soit bien garni de l'assaisonnement sur toutes ses parties; faites-le griller sur un feu doux dans le papier. Lorsque le poulet est cuit, on le débarrasse du papier et des bardes de lard, et on le dresse sur une sauce robert, ou sur une sauce verte.

POULET A LA MARENGO. *Entrée.* Après avoir dépecé un poulet, mettez-le à la casserole avec un peu d'huile, une gousse d'ail hachée, sel et poivre, et faites-le sauter sur un feu vif jusqu'à ce qu'il soit à moitié cuit; ajoutez alors des champignons et des truffes cuits et coupés par morceaux. Faites, d'autre part, une sauce à l'italienne (*V.* SAUCE), joignez à cette sauce l'huile et les ingrédients qui ont cuit avec le poulet; versez cette sauce sur un plat, et dressez le poulet dessus.

POULET EN MATELOTE. *Entrée.* (*V.* POULET, Matelotte de.)

POULET A LA PAROLE. *Entrée.* (*V.* POULET EN DAUBE.) Le poulet à la parole n'en diffère qu'en ce qu'on y ajoute un peu de persil haché.

POULET A LA PAYSANNE. *Entrée.* Mettez dans une casserole un poulet dépecé avec un peu de beurre, un peu d'huile; posez la casserole sur le feu, et sautez le poulet pour lui faire prendre couleur; ajoutez des oignons et des carottes coupés par tranches, du persil, un peu de poivre; mouillez avec du consommé, et laissez cuire pendant une heure. Dressez le poulet, et versez la sauce dessus.

POULET ROTI. *Rôt.* Videz, flambez, troussez et bardez un poulet; mettez-le à la broche et maintenez-le en lui attachant les pattes sur la broche avec une ficelle; arrosez-le avec du beurre; débrochez-le après trois quarts d'heure, et dressez-le sur du cresson légèrement vinaigré.

POULET SAUTÉ. *Entrée.* Dépecez un poulet, et opérez comme il est dit à l'article *Levraut sauté.*

POULET A LA TARTARE. *Entrée.* Fendez un poulet par la poitrine; aplatissez-le, et faites-le revenir dans du beurre avec sel et poivre, persil et ciboules hachés; trempez-le ensuite dans de la mie de pain mêlés de sel et poivre; faites-le griller sur un feu doux, et dressez-le sur une sauce à la tartare (*V.* Sauce).

POULET AUX TRUFFES (*V.* Dinde). Préparez le poulet comme il est dit à cet article.

PRUNEAUX. Arrangez sur une claie de belles prunes de monsieur; mettez-les au four doux; retirez-les, retournez-les, remettez-les au four, et recommencez cette opération quatre ou cinq fois. Faites ensuite sécher les pruneaux dans un endroit bien aéré.

PRUNEAUX EN COMPOTE. On fait cuire à un feu doux les pruneaux dans un vase de terre avec une petite quantité d'eau, du sucre, un peu d'eau-de-vie de Cognac et de la cannelle. Les pruneaux cuits et la sauce une fois au sirop, on dresse dans un compotier pour servir froid.

PRUNES EN COMPOTE. *Dessert.* Mettez dans une bassine des prunes avec la quantité d'eau nécessaire pour qu'elles baignent; ajoutez du sucre dans la proportion d'un demi-kilo de sucre pour un kilo de fruit, et posez la bassine sur un feu ardent. Écumez le sirop, et lorsque les prunes sont cuites, ce qui se reconnaît en les pressant un peu du bout du doigt, retirez-les; dressez-les dans un compotier; laissez un peu réduire le sirop, et versez-le sur les prunes.

PRUNES CONFITES. *Dessert.* Enlevez les noyaux d'une certaine quantité de prunes; mettez ces prunes dans une bassine avec une quantité d'eau suffisante pour qu'elles baignent; faites-les bouillir jusqu'à ce qu'elles soient cuites; ôtez-les de l'eau, et ajoutez à cette eau mêlée maintenant du jus de prunes, du sucre dans la proportion d'un demi-kilo de sucre pour un demi-kilo de liquide. Faites bouillir, écumez; laissez cuire le sirop jusqu'au *petit cassé* (*V.* Sucre). Arrangez les prunes dans un bocal, et versez ce sirop dessus.

PRUNES GLACÉES. *Dessert.* (*V.* Poires glacées). Les

prunes se préparent de la même manière que les poires, avec cette différence qu'elles ne se pèlent pas.

PUDDING AUX AMANDES. *Entremets.* Jetez un demi-kilo d'amandes douces dans de l'eau bouillante; retirez-les presque aussitôt; pelez-les et pilez-les dans un mortier en y ajoutant successivement, par petites parties, un demi-kilo de beurre, quatre œufs, un peu de crème, un verre de vin blanc, du sucre, un peu de fécule de pommes de terre, un peu d'eau de fleur d'oranger. Le tout étant bien mêlé, on beurre un moule; on met cette préparation dedans; on pose le moule sur un feu doux et on le couvre avec un four de campagne. Dressez quand le tout est bien pris et de belle couleur.

PUDDING AU RIZ. *Entremets.* Après avoir fait crever un demi-kilo de riz dans du lait, on y ajoute un demi-kilo de beurre, un demi-kilo de sucre, une demi-livre de raisin de Corinthe; on verse la composition sur une tourtière beurrée; on met la tourtière sur un feu doux, et on la couvre avec un four de campagne.

PUNCH. *Office.* Faites une décoction de thé en y ajoutant du zeste de citron; mêlez cette décoction avec de l'eau-de-vie dans la proportion d'un litre d'eau-de-vie pour un demi-litre de thé; ajoutez du sucre en quantité suffisante; faites chauffer le tout, et servez. Autrefois on mettait le feu au punch pour le servir; cela était plus brillant; mais le punch était moins bon. On fait de la même manière le punch au rhum et au vin, en remplaçant l'eau-de-vie par du rhum ou du vin. Dans la décoction de thé, pour le punch au vin, on ajoute un peu de coriandre concassée.

PUNCH A LA ROMAINE. Faites une glace au citron (*V.* GLACES). Mettez cette glace dans une terrine; arrosez-la avec du rhum; mêlez le tout et servez sur-le-champ.

PURÉE. Toutes les purées se font de la même manière; on fait cuire les légumes dans de l'eau avec du sel, si la purée doit être au maigre; dans du bouillon avec du lard, si elle doit être au gras. Les légumes étant cuits, on peut se contenter de les écraser dans une passoire en les mouillant de temps en temps avec l'eau ou le bouillon dans lesquels ils ont cuit; mais il est mieux de les passer à l'étamine en les écrasant avec le dos d'une cuillère à pot et en mouillant de temps en temps. On prépare ensuite ces purées soit en ajoutant du beurre, soit en y ajoutant du consommé ou du jus de viande. Pour les servir en potage, elles doivent être plus claires que pour être servies comme entremets ou garnitures.

PURÉE DE GIBIER. Faites cuire lièvres ou perdrix dans du bouillon ; désossez-les ; pilez-en les chairs dans un mortier ; délayez cette préparation avec une partie du bouillon ; passez-la à la passoire fine. Cette purée se sert également pour potage ou pour entrée ; pour potage, elle doit être claire, et on la verse sur des croûtons (*V.* POTAGES).

PURÉE DE VOLAILLE. Elle se fait et s'emploie comme la purée de g ibier.

QUENÈFES. Délayez un litre de farine avec du consommé ; ajoutez une douzaine de jaunes d'œufs et quatre ou cinq blancs, du gros poivre et de la muscade râpée. Il faut que cette pâte soit un peu liquide. On doit la prendre par cuillerées qu'on laisse tomber dans du bouillon bouillant ; chaque cuillerée forme une boulette ; on laisse cuire ; on dresse ces boulettes dans une soupière, et on verse le bouillon. Les quenèfes ainsi préparées se servent comme potage ; mais on peut les servir comme entremets en les dressant sur une purée de légumes.

QUENELLES. Les quenelles ne sont autre chose que de la farce de poisson ou de volaille (*V.* FARCE) que l'on moule en petits morceaux gros et longs comme la moitié du petit doigt, et que l'on fait cuire dans du bouillon ; on peut les dresser sur une purée quelconque ; mais on les emploie plus ordinairement comme garniture dans les ragoûts fins, tels que les financières (*V.* ce mot).

RADIS et RAVES. *Hors-d'œuvre.* On les épluche en supprimant une partie des feuilles et ne laissant que les plus tendres, et on les sert dans des coquilles à hors-d'œuvre.

RAIE. *Entrée.* Lavez la raie ; faites-la bouillir dans du court-bouillon jusqu'à ce que la peau s'enlève facilement ; retirez-la de l'eau ; faites-la égoutter, et enlevez toute la peau noire du dos et toute la peau blanche du ventre. La raie ainsi cuite peut se mettre au beurre noir, au beurre blanc, à la sauce blanche et à la maître-d'hôtel. Pour la mettre au *beurre noir*, on la dresse sur un plat un peu creux, et on la saupoudre de poivre et de sel ; on fait fondre du beurre dans une poêle jusqu'à ce qu'il soit bien brun, on fait frire dedans du persil cassé en petites branches, et l'on verse beurre et persil sur la raie ; on passe ensuite un peu de vinaigre dans la poêle ; on le fait chauffer, et on le verse également sur la raie ; on pose ensuite le plat sur un feu doux et on laisse mijoter pendant deux ou trois minutes. Pour la mettre au *beurre blanc,* on fait fondre du beurre dans un plat, avec sel, poivre, un peu de verjus ; on pose la raie sur cette préparation, et l'on sert aussitôt. A la *sauce blanche,* on pose la raie bien épluchée sur un plat, et on verse dessus une sauce blanche dans laquelle on a mis des câpres (*V.* Sauce). A la *maître-d'hôtel,* on pétrit du beurre avec du persil haché, du sel et du poivre ; on met ce beurre sur un plat bien chaud, on pose la raie dessus, et l'on sert aussitôt. On peut aussi servir la raie sans assaisonnement, pour être mangée à l'huile.

Raifort (*V.* Sauce).

Raisin (Compote de). *Dessert.* Mettez du sucre et de l'eau dans une bassine, dans la proportion d'un kilo de sucre pour un litre d'eau ; faites bouillir, écumez ; laissez cuire le sucre jusqu'au degré dit *petit boulet* (*V.* Sucre). D'autre part, vous aurez égrappé du raisin muscat ou du chasselas ; mettez ce raisin dans le sirop ; laissez bouillir le tout pendant deux minutes, et versez-le dans un compotier.

Raisin (Confitures de). *Dessert.* (*V.* Groseilles). Opérez avec le raisin comme il est dit à cet article.

Raisiné. *Dessert.* Egrappez du raisin bien mûr ; écrasez-le et pressez-le de manière à en obtenir tout le jus. Faites bouillir ce jus dans une bassine jusqu'à ce qu'il soit réduit de moitié. Mettez alors, dans ce sirop, des poires de messire-jean, pelées, coupées en quatre, et débarrassées de leurs pepins. Laissez encore bouillir et réduire le sirop d'un tiers, et versez cette préparation dans des pots. Lorsque le raisin que l'on emploie pour faire le raisiné n'est pas bien mûr, il faut y ajouter du sucre dans la proportion d'un demi-kilo de sucre pour deux kilos de jus de raisin, sans quoi le raisiné ne se conserverait pas.

RALE. Le râle se prépare de la même manière que la bécasse, avec cette seule différence qu'on en supprime la tête (*V.* Bécasse).

RAMEQUINS. *Entremets.* Faites fondre dans une casserole deux hectos de beurre avec un demi-kilo de fromage râpé, un demi-litre d'eau, un peu de sel et deux ou trois anchois pilés. Le tout étant bien mêlé, on le tourne d'une main avec une cuillère de bois et de l'autre main on saupoudre cette préparation avec de la farine jusqu'à ce que cela forme une pâte très-épaisse. Mettez cette pâte dans une terrine avec sept ou huit œufs crus; pétrissez le tout ensemble. Divisez cette pâte par morceaux gros comme la moitié du poing, et donnez-leur la forme qui vous conviendra; arrangez ces morceaux sur une tourtière beurrée, posez la tourtière sur un feu doux et couvrez-la avec un four de campagne bien chaud. On sert lorsque les ramequins sont bien jaunes.

RAVIGOTE (*V.* Sauce).

RILLONS DE TOURS. *Entrée.* Coupez par petits morceaux du lard de poitrine; mettez-le dans une casserole avec de l'eau, dans la proportion d'un demi-litre d'eau pour une livre de lard. Faites bouillir sur un feu très-ardent jusqu'à ce que l'eau soit entièrement évaporée; pressez le lard avec une écumoire pour en faire sortir l'eau qu'il pourrait encore contenir, et dressez le lard dès qu'il sera sec et sera devenu brun.

RIS DE VEAU (*V.* Veau).

RISSOLES. *Entrée.* Faites une pâte brisée (*V.* Pate). Saupoudrez une table avec de la farine; posez la pâte dessus et étendez-la avec le rouleau, de manière à ce qu'elle n'ait que l'épaisseur d'un décime; posez, de distance en distance, sur la moitié de cette pâte, des boulettes de godiveau (*V.* Godiveau); recouvrez-les avec l'autre moitié de la pâte, et coupez le tout en morceaux contenant chacun une boulette; fermez chaque morceau en appuyant un peu sur les bords, et faites frire ces morceaux dans de la friture bien chaude.

Riz (Gâteau de). *Entremets.* Lavez du riz; faites-le crever dans du lait, et laissez réduire le lait jusqu'à ce que le riz soit très-épais; ajoutez-y du sucre en poudre, un peu de vanille ou d'eau de fleur d'oranger. Cassez des œufs, dans la proportion de douze œufs pour un demi-kilo de riz; séparez les blancs des jaunes; mêlez les jaunes avec le riz; ajoutez-y les blancs après les avoir battus en neige, et versez cette préparation dans un moule que vous aurez beurré et saupoudré de sucre; mettez ce moule sur un feu doux; couvrez-le avec un four de campagne. Lorsque le gâteau est bien jaune, on renverse le moule sur un plat; on l'enlève et l'on sert.

Riz (Potage au). (*V.* POTAGE.)

Riz (Soufflé de). (*V.* SOUFFLÉ.)

Rognons de bœuf, de mouton. (*V.* BOEUF, MOUTON.)

Romaine (*V.* LAITUE). La laitue et la romaine se traitent de la même manière.

Rostbeaf. *Rôt.* Le rostbeaf n'est autre chose qu'un fort aloyau de bœuf rôti et servi un peu saignant (*V.* BOEUF).

Roties d'anchois. *Hors-d'œuvre.* Faites revenir des tranches de pain dans du beurre, de manière à ce qu'elles soient bien jaunes des deux côtés. Dressez ces tranches; couvrez-les de filets d'anchois; semez du gros poivre dessus et arrosez-les avec de l'huile.

Roti aux hussards. *Entrée.* Mettez un filet de bœuf à la broche, et retirez-le à moitié cuit. Epluchez et pilez des oignons; pressez-les de manière à en obtenir le jus; mêlez ce jus avec de la mie de pain, du beurre, du sel et du poivre. Faites un roux (*V.* ROUX), et mettez le mélange dedans; mouillez avec du consommé ou du bouillon. Coupez le filet de bœuf par tranches; mettez ces tranches avec tout le reste, et laissez cuire. Au moment de servir, on dresse sur un plat les tranches de filet; on lie la sauce avec des jaunes d'œufs, et on la verse sur la viande.

Rouges-Gorges. Le rouge-gorge est un petit oiseau

comme l'ortolan ; il se traite de la même manière que ce dernier (*V.* ORTOLAN).

ROUGET. Le rouget est un poisson de mer que l'on fait le plus ordinairement cuire au court-bouillon pour être mangé à l'huile ; on peut cependant le faire griller et le mettre à la sauce blanche (*V.* SAUCE et COURT-BOUILLON) ; on peut enfin lever les filets de ce poisson, les paner en les trempant successivement dans du beurre fondu et dans de la mie de pain, les faire griller et les dresser sur une sauce tartare (*V.* SAUCE).

ROUSSETTES. *Entremets.* Faites un petit bassin sur une table avec un demi-litre de farine, mettez au milieu deux œufs, 6o grammes de beurre, un peu de crème ou de lait tiède, un peu de sucre ; pétrissez le tout et laissez reposer la pâte pendant deux heures et demie. Étendez cette pâte avec le rouleau de manière à lui donner l'épaisseur de deux pièces de cinq francs ; coupez cette pâte par morceaux, mettez ces morceaux dans de la friture très-chaude, et servez-les bien jaunes et saupoudrés de sucre.

ROUX. Il y a trois sortes de roux : le *brun*, le *blond* et le *blanc*.

Roux brun. Mettez dans une casserole un morceau de beurre d'une dimension quelconque, posez la casserole sur le feu, et lorsque le beurre sera fondu, jetez dedans autant de farine qu'il en pourra absorber. Pendant qu'on jette la farine, d'une main, il faut, de l'autre main, remuer vivement le contenu de la casserole avec une cuillère de bois. La farine étant liée au beurre, on continue de tourner le mélange jusqu'à ce qu'il ait pris une belle couleur brune. Ce degré atteint, on retire le roux du feu, et on le dépose dans un vase pour s'en servir au besoin ; mais cela ne se fait que dans les grandes cuisines, où il faut toujours être prêt à opérer rapidement et sûrement. Dans les cuisines d'un étage moindre (et ce sont presque toujours les meilleures), le roux n'est qu'une opération transitoire. S'il s'agit, par exemple, d'un canard aux navets, on fait revenir le canard dans du beurre, avec du lard coupé en petits lardons. Le canard et les lardons ayant pris une belle couleur, on les retire ; on jette de la farine dans la casserole demeurée sur le feu, et lorsque le roux a pris la couleur convenable, on le mouille avec du bouillon ou du fond de braise, puis on met dans ce mouillement canard, lardons et accessoires.

Le *Roux blond* se prépare de la même manière que le roux brun ; toute la différence consiste à ne lui laisser prendre qu'une couleur blonde.

Le *Roux blanc* demande un peu plus de soin : il faut, pour qu'il soit bon, que la farine cuise complétement dans le beurre, sans prendre de couleur. On obtient ce résultat en diminuant l'ardeur du feu, et en le mouillant vivement dès que se manifeste la plus légère nuance.

SAGOU. (*V.* POTAGE.)

SAINDOUX. Coupez par petits morceaux de la graisse de porc non salée, faites-la fondre sur un feu modéré en la remuant de temps en temps. Lorsque cette graisse est fondue et ne fume plus, on la passe dans une passoire et on la met dans des pots de grès que l'on couvre avec du papier.

SALADE. Les salades ordinaires sont celles de *céleri*, de *chicorée*, de *laitues*, de *mâches*, de *pissenlits*, de *raiponces*, de *romaines*, de *scarole*. En général on épluche ces herbes potagères, on les dresse dans un saladier, avec ou sans fines herbes, et elles s'assaisonnent sur table, avec de l'huile, du vinaigre, du sel et du poivre. On peut ajouter à ces salades des cornichons, des câpres, des œufs durs ; on peut aussi, pour la laitue, remplacer l'huile par de la crème.

On fait, en outre, des salades d'*anchois*, de *homard*, de *haricots*, de *pommes de terre*, de *saumon*, de *turbot*, de *volailles*. (*V.* ces différents mots.)

SALÉ (PETIT). On ne met ordinairement en petit salé que la poitrine du cochon ; mais si le cochon est jeune et maigre on peut mettre en petit salé presque toutes ses parties. Dans l'un et dans l'autre cas, voici comment on opère. On pose sur le feu une marmite de fonte à moitié pleine d'eau. Lorsque cette eau bout, on y jette un œuf entier, avec sa coquille ; puis on jette du sel dans cette eau jusqu'à ce que l'œuf surnage. On retire alors la marmite du feu, et on laisse refroidir l'eau qu'elle contient. Lorsqu'elle est froide on la verse dans le saloir ; on arrange dedans les morceaux de porc découpés, on les charge avec des morceaux de grès pour empêcher qu'ils ne surnagent, et l'on couvre hermétiquement le saloir. Deux mois après le petit salé est fait, et on le retire du saloir au fur et à mesure des besoins.

SALEP. (*V.* POTAGE.)

SALMIS. *Entrée.* On ne met ordinairement en salmis que le *gibier-plume*, ou ses débris rôtis la veille. Le procédé est le même pour les *bécasses, bécassines, cailles, canard, mauviettes, oie, perdreaux, perdrix*. Ce procédé, le voici : pétrissez un morceau de beurre avec le tiers de son poids de farine ; mettez ce beurre dans une casserole, et posez cette casserole sur le feu. Lorsque le beurre sera entièrement fondu, et avant que la farine ait commencé à jaunir, vous mouillerez avec moitié vin rouge et moitié consommé ; ajoutez à cette préparation un bouquet garni et quelques échalotes entières, et faites bouillir le tout pendant un quart d'heure. Retirez cette préparation du feu, ôtez-en les échalotes et le bouquet garni, remplacez-les par la bécasse, la perdrix, etc., que vous aurez dépecées ; tenez pendant quelques instants la casserole sur le bord du fourneau, de manière à ce que son contenu se tienne bien chaud sans bouillir, et ajoutez à ce qu'elle contient un peu de jus de citron. Garnissez le fond d'un plat avec des tranches de pain grillé, dressez les morceaux de gibier et versez la sauce dessus.

SALSIFIS ou SCORSONÈRES. *Entremets.* Les salsifis ou scorsonères se font cuire dans de l'eau salée, après qu'on les a ratissés, pour enlever la peau qui les couvre. Afin de les conserver blancs, on les jette, à mesure qu'on les ratisse, dans de l'eau mêlée de vinaigre, et pour les faire cuire, on les jette dans l'eau bouillante. Ainsi cuits, les salsifis peuvent se mettre au jus de viande, à la maître-d'hôtel, à la sauce blanche ou blonde, à la poulette, en salade (*V.* SAUCES). On peut aussi les faire frire : pour cela on les coupe de la longueur du doigt (étant cuits comme il est dit ci-dessus), on les trempe dans de la pâte à frire (*V.* PATE), on les fait frire, et on les sert bien jaunes.

SANDWICHS. *Hors-d'œuvre.* Beurrez des tartines de pain très-minces, posez dessus des tranches de jambon maigre et plus minces que les tartines ; recouvrez le jambon par des tartines pareilles aux premières et servez.

SANGLIER. Le sanglier se traite comme le cochon, dans toutes ses parties ; seulement, quand on le mange frais, soit rôti, soit grillé, il faut le faire mariner dans de l'huile pendant plusieurs heures.

SARCELLE. (*V.* CANARD SAUVAGE.) La sarcelle n'est autre chose qu'un canard sauvage de petite espèce, et tous deux se traitent de la même manière.

SARDINES. Les sardines et les anchois ont beaucoup d'analogie, et presque toujours on les traite, en cuisine, de la même manière. Cependant, on fait assez ordinairement griller les sardines salées, et alors on les sert comme hors-d'œuvre, arrosées d'huile, quand elles sont très-grosses, on les prépare comme les harengs.

SAUCE ALLEMANDE. Mettez dans une casserole du beurre, des tranches de jambon, des tranches de veau, faites revenir la viande sans lui laisser prendre couleur, saupoudrez-la de farine et mouillez avec du bouillon. Ajoutez des carottes et des oignons coupés par tranches, poivre et muscade. Le tout étant cuit, dégraissez la sauce, passez-la et liez-la avec des jaunes d'œufs. Cette sauce s'emploie particulièrement pour les soles à la normande. Voici une autre sauce allemande qui est d'un usage plus général :

Faites cuire deux ou trois foies de volailles dans du bouillon, hachez-les en même temps que deux anchois, et mettez le tout dans une casserole avec des câpres, un peu de persil haché, sel, poivre et un morceau de beurre suffisant pour faire revenir le tout. Lorsque ces ingrédients commenceront à prendre couleur, vous mouillez avec un quart de litre de consommé et autant de coulis brun, et vous laissez bouillir cette préparation pendant un quart d'heure, après quoi vous la passerez à l'étamine.

SAUCE AUX AMANDES. Jetez 225 grammes d'amandes douces dans de l'eau bouillante, afin de les peler facilement, pilez-les, versez dessus un peu d'eau de roses et un litre de lait bouillant. Mêlez bien le tout, passez-le au tamis, ajoutez 125 grammes de sucre, deux ou trois jaunes d'œufs, et faites chauffer cette préparation sans la faire bouillir.

Sauce anglaise. Hachez bien menu des anchois, des câpres, des jaunes d'œufs durs, mettez le tout dans une casserole avec un peu de gros poivre, mouillez avec du consommé, faites chauffer cette sauce sans la laisser bouillir, et liez-la avec un morceau de beurre roulé dans de la farine.

Sauce aux anchois. Lavez des anchois dans du vinaigre, ôtez-en la grosse arête, hachez-les très-menu et les mettez dans une casserole avec moitié coulis brun, moitié consommé, gros poivre et épices fines. Faites chauffer cette préparation et servez.

Sauce béchamelle. Hachez un demi-kilo de lard, 125 grammes de graisse de veau, mettez le tout dans une casserole avec un morceau de beurre, et posez la casserole sur le feu, ajoutez deux ou trois oignons et quelques rondelles de carottes et navets, et faites faire quelques tours à tout cela pendant que le beurre fond. Lorsque le beurre est entièrement fondu, et avant qu'il prenne couleur saupoudrez le contenu de la casserole de trois ou quatre cuillerées de farine, faites faire encore deux ou trois tours sans laisser prendre couleur, puis mouillez avec du consommé ou du fond de braise, ajoutez poivre, girofle, thym, laurier, persil; faites bouillir le tout pendant une heure et demie, et passez ensuite cette préparation à l'étamine.

La Sauce béchamelle au maigre se prépare de la même manière, avec le lard et la graisse de veau en moins, lesquels sont remplacés par une quantité de beurre suffisante; on augmente aussi la dose de carottes, oignons, navets, et l'on y ajoute des champignons.

Sauce au beurre blanc. Après avoir enlevé l'écorce d'un citron, coupez-le par rondelles très-minces, et mettez ces rondelles dans une casserole avec 125 grammes d'excellent beurre, 250 grammes de graisse de veau, autant de lard râpé, quelques carottes et oignons coupés en tranches, du sel, du poivre, une feuille de laurier, un peu de thym et un demi-verre d'eau. Faites bouillir le tout en remuant sans cesse jusqu'à ce que l'eau étant entièrement évaporée, le résidu soit sur le point de s'attacher; mouillez-le alors avec un litre de fond de braise, faites bouillir, écumez et passez à l'étamine.

Nota. Cette sauce, de même que la sauce *béchamelle*

au gras, peut être avantageusement remplacées par le *velouté* ou coulis blanc.

SAUCE AU BEURRE NOIR. Faites chauffer du beurre dans une poêle jusqu'à ce qu'il ait pris une couleur très-brune, jetez alors dans ce beurre du persil en branches et versez-le presque aussitôt sur le mets auquel il est destiné; vous passerez ensuite un filet de vinaigre dans la poêle, et vous le verserez par dessus le beurre.

SAUCE BLANCHE. Pétrissez un morceau de beurre avec un peu de farine, mettez-le dans une casserole avec une quantité d'eau froide, proportionnée à celle du beurre, c'est-à-dire environ six onces de beurre pour un verre d'eau, posez la casserole sur le feu, et remuez-en constamment le contenu jusqu'à ce qu'il soit près de bouillir. Retirez la casserole du feu, avant que la sauce ait jeté un seul bouillon, ajoutez-y du sel, du poivre, du jus de citron, remuez bien pour mêler le tout, et servez.

SAUCE BLANCHE COSMOPOLITE. On met dans un bol une douzaine de jaunes d'œufs très-frais, on y ajoute un peu d'eau, une larme de vinaigre, du sel et du poivre, on bat ce mélange jusqu'à ce qu'il ait pris une certaine consistance, et tout est terminé.

Les mets auxquels on destine cette sauce, comme choux-fleurs, salsifis, etc., doivent être brûlants quand on la verse dessus, afin qu'elle acquière elle-même la chaleur nécessaire ; mais quoi qu'il arrive, ce mélange de chaud et de froid ne saurait avoir un heureux résultat. Nous donnerons toujours la préférence à la sauce blanche véritable ; mais nous avouerons que, dans beaucoup de cas, cette dernière peut être remplacée avec grand avantage par le *velouté* ou *coulis blanc.*

SAUCE BLONDE. Mouillez un roux blond (*V.* Roux) avec du consommé ou du fond de braise, passé et dégraissé, et faites bouillir pendant cinq minutes.

SAUCE AUX CAPRES. La sauce aux câpres n'est autre chose qu'une sauce blanche, dans laquelle on met des câpres au moment de servir.

SAUCE A LA CRÈME. Faites fondre deux hectos de beurre frais, ajoutez-y une cuillerée de farine, du persil, de la ciboule hachés, sel, poivre, muscade, mouillez

17.

cette préparation, avant que la farine ait pris couleur, avec du lait, et laissez le tout bouillir un instant.

Sauce aux écrevisses. Faites une sauce blanche et ajoutez-y les chairs des queues et des pattes de quelques écrevisses.

Sauce enragée. Mettez des jaunes d'œufs durs dans un mortier, pilez-les en les arrosant de temps en temps avec de l'huile, ajoutez sel, poivre, piment, safran, et passez cette préparation à l'étamine. C'est une sorte de purée, il faut que le piment y domine.

Sauce espagnole. La sauce espagnole n'est autre chose que du *coulibrun* (*V.* Coulis).

Sauce froide. Pilez dans un mortier de l'estragon, de la civette, de la pimprenelle, du persil et du cerfeuil; passez cela dans un linge et pressez-le pour en obtenir le jus; mettez ce jus dans une terrine avec des jaunes d'œufs, de l'huile, du vinaigre, de la moutarde, du poivre et du sel; battez bien le tout ensemble. Cette sauce se sert avec le poisson cuit au court-bouillon. C'est ce qu'on appelle *poisson au bleu*.

Sauce hachée. Faites fondre du beurre, ajoutez-y un peu de farine, persil, ciboule et cornichons hachés, un peu de poivre, mouillez avec du consommé et laissez bouillir un instant.

Sauce hollandaise. Faites fondre du beurre, mêlez-y une forte dose de sel fin, battez le tout. Il est bon de tirer le beurre à clair, quand il est fondu.

Sauce a l'huile. Pilez des jaunes d'œufs durs, et délayez-les avec de l'huile et du vinaigre, ajoutez du sel, du poivre, des fines herbes et des échalotes hachées.

Sauce aux huitres. Otez les huîtres de leurs écailles, faites-leur jeter un bouillon dans leur eau, faites-les égoutter et mettez-les dans une sauce blanche (*V.* Sauce blanche).

Sauce indienne ou Kari. Faites fondre du beurre, jetez dedans un peu de farine, du safran, de la muscade râpée, du piment; mouillez avec du bouillon, faites bouillir cette préparation pendant vingt minutes, et passez-la au tamis.

Sauce italienne. Faites revenir dans du beurre des

truffes et des champignons hachés, du persil et des échalotes également hachés ; mouillez avec du vin blanc, et ajoutez un peu d'huile à cette préparation avant de vous en servir.

SAUCE AU JUS D'ORANGE. Dans quelques cuillerées de consommé ou de fond de braise, jetez quelques zestes d'orange, ajoutez un peu de gros poivre. Lorsque cette préparation aura bouilli pendant un quart d'heure, vous la retirerez du feu, vous y ajouterez un peu d'excellent beurre roulé dans de la farine, le jus d'une orange, et vous la passerez au tamis.

SAUCE MAYONNAISE. Mettez dans une terrine des jaunes d'œufs avec du sel, du poivre et un peu de vinaigre. Battez-les vivement avec une cuillère de bois, et ajoutez-y de l'huile au fur et à mesure que cela prendra de la consistance, jusqu'à ce que le tout forme une sorte de crème bien unie. Cette préparation se place ordinairement sur une salade composée de blancs de volaille, d'anchois, de cornichons, d'œufs durs et de cœurs de laitues. C'est même à cet ensemble qu'il convient de donner le nom de *mayonnaise*.

SAUCE A LA MAITRE-D'HOTEL. Pétrissez un morceau de beurre avec du persil haché très-fin, du poivre, du sel et du jus de citron. Le beurre ainsi préparé se met sur le plat où doit être dressé le mets auquel il est destiné et qui doit être assez chaud pour faire fondre le beurre, sans qu'il soit nécessaire de mettre le plat sur le feu.

SAUCE MATELOTE VIERGE. Faites sauter dans du beurre des champignons et des petits oignons ; saupoudrez-les de farine et mouillez, sans laisser prendre couleur, avec moitié consommé et moitié vin blanc. Laissez cuire le tout sur un feu doux, et liez la sauce avec des jaunes d'œufs au moment de vous en servir.

SAUCE AUX MOULES. (*V.* SAUCE AUX HUÎTRES.) Opérez comme il est dit à cet article, en remplaçant les huîtres par des moules.

SAUCE AUX ŒUFS. Faites fondre du beurre, ajoutez-y des jaunes d'œufs battus et mêlés d'un peu d'eau, un peu de muscade et quelques tranches de citron, sel, poivre, un filet de vinaigre, faites lier le tout sur un feu doux, en tournant toujours avec une cuillère de bois, et retirez la sauce du feu avant qu'elle bouille.

Sauce a la d'Orléans. Faites un roux bien foncé ; mouillez-le avec un peu de vinaigre dans lequel vous aurez fait cuire des échalotes, ajoutez des cornichons, des blancs d'œufs durs et des anchois, le tout coupé par petits morceaux, sel, poivre, un peu de câpres et faites chauffer cette préparation pendant quelques minutes.

Sauce au pauvre homme. Mettez dans une casserole du bouillon ou du consommé, avec des échalotes et du persil hachés, du sel, du poivre, un peu de vinaigre. Faites bouillir le tout pendant un quart d'heure.

Sauce a la Périgueux. Hachez des truffes, faites-les cuire dans du jus de volaille ou du fond de braise dégraissé, et servez.

Sauce piquante. Faites bouillir, dans un demi-verre de fort vinaigre, un peu de thym, de laurier, de piment et de gros poivre. Le vinaigre étant réduit des deux tiers, ajoutez-y quelques cuillerées de consommé et autant de coulis brun. Laissez bouillir cette préparation jusqu'à ce qu'elle ait acquis la consistance convenable. On peut y ajouter des échalotes.

Sauce poivrade. Faites revenir dans du beurre, oignons, carottes et panais coupés par tranches ; lorsque ces ingrédients commenceront à jaunir, vous les saupoudrerez de farine, et vous mouillerez presque aussitôt avec de bon vin rouge, puis vous ajouterez un filet de vinaigre, une gousse d'ail, persil, thym, laurier, basilic, piment, sel et poivre. Le tout ayant bouilli pendant une demi-heure, vous passerez cette préparation au tamis et vous y ajouterez un peu de gros poivre.

Sauce a la provençale. Hachez des champignons, des échalotes, un peu d'ail, faites-les revenir dans de l'huile, saupoudrez-les de farine, et mouillez avec moitié consommé et moitié vin blanc ; ajoutez sel, poivre, bouquet garni, et laissez bouillir le tout pendant vingt minutes.

Sauce a la ravigote. Après avoir haché du cerfeuil, de l'estragon, de la pimprenelle, du cresson, de la civette, vous mettrez ces ingrédients dans une casserole avec un demi-litre de consommé, un peu de gros poivre, et un morceau de beurre fin, roulé dans de la farine. Faites bouillir le tout pendant un quart d'heure, et quelques secondes avant d'ôter cette préparation de dessus le feu, ajoutez-y un peu de velouté ou coulis blanc.

SAUCE REMOLADE. Délayez de la moutarde avec de l'huile et quelques jaunes d'œufs crus. Ajoutez-y des échalottes hachées très-menu, du sel, du poivre et quelques cuillerées de sauce verte (*V.* plus haut). Le mélange doit être bien fait, et former un tout homogène.

SAUCE ROBERT. Faites un roux brun (*V.* Roux). Un peu avant que le roux ait atteint la couleur voulue vous jetterez dedans deux ou trois oignons hachés menu (plus ou moins, selon la quantité de sauce qu'on veut obtenir). L'oignon étant cuit, et le roux étant fait, mouillez avec du bouillon ou avec du consommé. Faites bouillir pendant un quart d'heure, passez ensuite la sauce, et ajoutez-y du gros poivre, de la moutarde et un peu de vinaigre.

SAUCE A LA SULTANE. Dans un demi-litre de bouillon, mettez deux tranches de citron, dont vous aurez enlevé l'écorce; ajoutez un verre de vin blanc, un gousse d'ail, deux carottes et deux oignons coupés par tranches, persil, laurier, thym, girofle. Faites bouillir le tout pendant une heure et passez cette préparation au tamis. Lorsque vous aurez à vous en servir, vous y ajouterez un jaune d'œuf dur, haché; une pincée de fines herbes, et un peu de gros poivre.

SAUCE A LA TARTARE. Ce que l'on appelle *sauce à la tartare* n'est rien autre chose qu'une forte sauce rémolade sur laquelle on dresse des tronçons d'anguille pannés et grillés.

SAUCE TOMATE. Pressez fortement une certaine quantité de tomates afin d'en extraire les pépins et le jus qui ne sont bons à rien, et mettez-les ensuite dans une casserole avec un morceau de beurre fin, quelques oignons coupés par tranches, sel, poivre, girofle persil, thym, laurier. Mouillez le tout avec du consommé ou du bouillon, et faites bouillir cette préparation pendant une heure. Deux ou trois secondes avant de retirer la casserole du feu, on ajoute à son contenu quelques cuillerées de coulis brun, puis on passe cette sauce à l'étamine.

SAUCE A TOUT METS. Mettez dans une casserole un demi-litre de consommé, un quart de litre de vin blanc, un peu de zeste et de jus de citron, sel, poivre, bouquet garni, et faites chauffer le tout ensemble.

SAUCE TRAHISON. Mettez du lard dans une casserole et faites-le fondre; ajoutez des oignons hachés et laissez-le revenir jusqu'à ce qu'il soit bien jaune; faites revenir de la même manière des tranches de pain; mouillez avec moitié bouillon, moitié vin rouge, ajoutez du sel; du poivre, de la cannelle, du sucre et de la moutarde; faites jeter un bouillon à cette préparation, et passez-la à l'étamine pour en faire une sorte de purée.

SAUCE AU VERJUS. Mêlez quelques cuillerées de coulis brun (*V.* COULIS) avec autant de verjus, et faites bouillir ce mélange après y avoir ajouté du sel, du poivre et des échalotes hachées.

SAUCE VERTE. Ce qu'on nomme *sauce verte* n'est autre chose qu'une sauce Robert ou une sauce Béchamel que l'on rend verte en y ajoutant du jus d'épinards hachés crus et pressés dans un linge.

SAUCE AU VIN. Délayez une douzaine de jaunes d'œufs avec un litre de vin; ajoutez un hecto de sucre, du zeste de citron, de la cannelle; faites chauffer cette préparation en la tournant constamment; et retirez-la du feu lorsqu'elle commence à épaissir. Il ne faut pas qu'elle bouille.

SAUCISSES. *Entrée.* Hachez de la chair maigre de porc, avec autant de lard; mêlez-y du sel et du poivre. Divisez cette préparation par petites portions, et enveloppez chaque portion dans de la crépinette de cochon. On mange ordinairement les saucisses grillées ou sautées à la poêle, mais on peut aussi les manger bouillies dans du bouillon. Cuites de cette dernière manière, on les emploie comme garniture.

SAUCISSONS DE LYON. *Hors-d'œuvre.* Hachez de la chair de porc et de la chair de bœuf, dans la proportion d'une livre de bœuf pour deux livres de porc. Le tout étant haché le plus menu possible, on y mêle du lard coupé en petits dés, du poivre et du sel, du poivre en grain, un peu de salpêtre, et l'on entoure le tout dans des boyaux de cochon bien grattés et échaudés; on tasse bien le hachis; on ferme le boyau à chaque bout avec de la ficelle; puis on le ficelle dans toute sa longueur. Mettez le saucisson ainsi préparé dans une terrine; couvrez-le de salpêtre et laissez-le ainsi pendant cinq ou six jours; pendez-le ensuite dans la cheminée pour le faire sécher. Faites bouillir du vin avec de la sauge, du thym, du laurier; laissez-le refroidir; mettez le saucisson dedans et laissez-le infuser pendant vingt-quatre heures; faites-le sécher de nouveau, et enveloppez-le dans du papier. Ce saucisson se prépare aussi avec de la chair de jeune mulet au lieu de chair de bœuf.

SAUMON AU BLEU. *Rôt* ou *Relevé*. Faites cuire le saumon dans du court-bouillon; dressez-le; entourez-le de persil et servez-le avec une sauce à part (*V.* COURT-BOUILLON et SAUCE FROIDE).

SAUMON A LA BROCHE. *Rôt.* Mettez un saumon à la broche; arrosez-le fréquemment avec du beurre et servez-le avec une sauce aux câpres à part.

SAUMON (Escaloppes de). *Entrée.* Coupez le saumon par petites tranches bien minces; faites-le sauter au beurre; dressez-le, et versez dessus une sauce à l'italienne (*V.* SAUCE).

SAUMON FUMÉ. (*V.* HARENGS SAURES.) Le saumon fumé se traite comme le hareng saure.

SAUMON A LA GÉNEVOISE. *Entrée.* Faites cuire des tranches de saumon dans moitié consommé et dans moitié vin rouge, avec sel et poivre, persil, échalotes et champignons hachés. Lorsque le saumon est cuit, on pétrit un morceau de beurre avec de la farine; on le fait fondre dans une casserole, on mouille avec un peu de la cuisson du saumon et on fait bouillir cette préparation pendant quelques instants; on dresse ensuite le saumon, on et verse cette sauce dessus.

SAUMON GRILLÉ. *Entrée.* Faites mariner pendant une heure des tranches de saumon dans de l'huile avec des oignons, des échalotes, du persil, de la ciboule, hachés, du sel et du poivre. Enveloppez chaque tranche garnie de cet assaisonnement dans une feuille de papier huilé et faites-le griller. Lorsque le saumon est cuit, on ôte le papier et on dresse le saumon sur une sauce aux câpres (*V.* Sauce).

Saumon en magnonnaise. *Entrée.* Faites cuire des tranches de saumon dans du vin blanc avec des champignons, carottes et oignons coupés par tranches, sel, poivre, bouquet garni. Le saumon étant cuit, on le laisse refroidir dans sa cuisson; puis on le fait égoutter, et on le dresse sur une sauce magnonnaise (*V.* Sauce).

Saumon en papillote. *Entrée.* Coupez le saumon par tranches, et opérez du reste comme pour les cotelettes de veau en papillotes (*V.* Veau).

Saumon en salade. *Entrée.* Faites cuire le saumon au court-bouillon; coupez-le par petites tranches très-minces, et dressez-le sur un plat creux avec des œufs durs, des cornichons coupés par filets, des filets d'anchois, des cœurs de laitues, des câpres, et versez sur le tout une sauce ravigote froide.

Saumon salé. Le saumon salé se traite comme la morue (*V.* ce mot).

Semoule (*V.* Potage).

Semoule (Gâteau de). *Entremets.* Faites bouillir du lait; jetez-y de la semoule en remuant le lait, et faites-en une bouillie très-épaisse; ajoutez-y du sucre en poudre, des jaunes d'œufs, un peu d'eau de fleur d'oranger; battez en neige les blancs d'œufs, et mêlez bien le tout ensemble; beurrez un moule; saupoudrez le beurre avec de la mie de pain très-fine et du sucre en poudre. Versez la préparation dans ce moule; posez le moule sur un feu doux et couvrez-le avec un four de campagne. Lorsque le gâteau est bien jaune, on renverse le moule sur un plat; on enlève ce moule avec précaution et on sert sur-le-champ.

Scorsonères. (*V.* Salsifis.)

Sirop de cerises. *Office.* Écrasez des cerises; pressez-les bien pour en obtenir tout le jus; passez ce jus à la chausse et mettez-le dans une bassine avec du sucre, dans la proportion d'un kilo de sucre pour un demi-kilo de jus; faites bouillir; écumez. Quelques minutes de cuisson suffisent. Laissez refroidir le sirop et mettez-le en bouteilles.

SIROP D'ÉPINE-VINETTE. *Office.* Il se prépare comme le sirop de cerises (*V.* l'article précédent).

SIROP DE GOMME. *Office.* Mettez 250 grammes de gomme arabique dans un poids égal d'eau froide, et laissez la gomme se dissoudre ; versez cette préparation dans une bassine avec un litre de sirop de sucre (*V.* plus bas SIROP DE SUCRE). Faites bouillir pendant dix minutes ; passez le sirop à la chausse ; laissez-le refroidir et mettez-le en bouteilles. On peut avant de le retirer du feu y ajouter un peu d'eau de fleur d'oranger.

SIROP DE GROSEILLES. *Office.* Le sirop de groseilles se prépare comme le sirop de cerises (*V.* ci-dessus). Si l'on veut que le sirop soit framboisé, on mêle des framboises aux groseilles dans la proportion d'un kilo de groseilles pour un demi-kilo de framboises.

SIROP DE GUIMAUVE. *Office.* Ratissez et lavez un hecto de racines de guimauve ; faites-les bouillir pendant cinq minutes dans deux litres d'eau. Otez les racines et mettez dans l'eau où elles ont bouilli deux kilos de sucre ; faites bouillir ; clarifiez en ajoutant de temps en temps un peu de blanc d'œuf battu dans de l'eau ; écumez et laissez cuire le sirop au degré dit *petit perlé* (*V.* SUCRE) ; laissez-le refroidir et mettez-le en bouteilles.

SIROP DE MURES. *Office.* Mettez des mûres entières dans une bassine ; couvrez-les de sucre en poudre dans la proportion d'un demi-kilo de sucre pour un demi-kilo de fruit, et mettez la bassine sur le feu ; laissez bouillir quelques instants ; passez le sirop au tamis sans presser les mûres ; laissez-le refroidir, et mettez-le en bouteilles.

SIROP D'ORGEAT. *Office.* Jetez dans de l'eau bouillante un demi-kilo d'amandes douces et une douzaine d'amandes amères, afin d'en enlever facilement la peau, pilez ces amandes dans un mortier de marbre en versant de temps en temps un peu d'eau dessus. Lorsque les amandes seront en pâte bien unie, vous délayerez cette pâte avec un kilo d'eau ; vous passerez cette préparation dans un linge et vous presserez le marc de manière à obtenir tout le liquide. Mettez dans une bassine un kilo et demi de sucre avec un demi-litre d'eau, faites cuire ce sucre à grande plume (*V.* SUCRE), et versez dedans le lait d'amandes en remuant constamment jusqu'à ce que le tout recommence à bouillir. Retirez alors ce sirop du feu, ajoutez-y un peu d'eau de fleur d'oranger, laissez-le refroidir et mettez-le en bouteilles.

SIROP DE POMMES. *Office.* Pelez des pommes, ôtez-en les pépins, coupez ces pommes par tranches excessivement minces, et mettez-les dans un vase de faïence ou de porcelaine avec de l'eau et du sucre en poudre, dans la proportion d'un demi-kilo de sucre pour un demi-kilo de fruit et un demi-verre d'eau, mettez le vase au bain-marie, couvrez-le et faites bouillir l'eau du bain-marie pendant deux heures et demie, en remuant de temps en temps le vase sans toucher à son contenu et sans le retirer de l'eau. Ce temps écoulé, ôtez le bain-marie du feu, laissez refroidir le tout ensemble, tirez doucement le sirop à clair et mettez-le en bouteilles. Les pommes de reinette sont préférables à toutes les autres, pour faire ce sirop.

SIROP DE SUCRE. *Office.* Mettez dans une bassine du sucre et de l'eau dans la proportion d'un litre d'eau pour deux kilos et demi de sucre, faites bouillir ce mélange en le remuant fréquemment; ajoutez-y de temps en temps du blanc d'œuf, battu dans un peu d'eau; écumez, faites cuire, au degré dit, le *petit perlé* (*V.* SUCRE); passez ce sirop à la chausse, laissez-le refroidir et mettez-le en bouteilles.

SIROP DE VINAIGRE. *Office.* Mettez des framboises dans un vase de grès; versez du vinaigre dessus jusqu'à ce que les framboises en soient couvertes, couvrez le vase et laissez l'infusion se faire pendant cinq ou six jours. Passez cette préparation au tamis, et pressez les framboises pour en obtenir tout le jus. Mettez ce jus dans une bassine avec du sucre, dans la proportion de un kilo de sucre pour un demi-kilo de jus, et opérez du reste comme pour le sirop de sucre (*V.* l'article précédent).

SOLE FRITE. *Rôt.* Lavez la sole, enlevez la peau du dos, essuyez bien la sole, saupoudrez-là de farine, mettez-la à la friture bien chaude, et servez-la avec du persil frit.

SOLE FRITE A LA COLBERT. *Rôt.* Enlevez la peau du dos, fendez le dos par le milieu dans toute sa longueur et faites frire la sole, comme il est dit à l'article précédent. Lorsqu'elle est frite, on enlève l'arête avec précaution et on la remplace par du beurre pétri avec du persil haché, un peu de sel fin et un jus de citron.

SOLE AU GRATIN. *Entrée.* Lavez une sole, enlevez-lui la peau du dos. Beurrez un plat avec du beurre mêlé de farine. Hachez ensemble des champignons, de la ciboule, du persil, mêlez bien tout cela et ajoutez-y du sel et du poivre. Etendez une couche de ces ingrédients sur le plat beurré ; saupoudrez-le avec un peu de chapelure très-fine, posez la sole dessus, recouvrez-la d'un assaisonnement semblable à celui sur lequel elle est posée, mouillez avec du consommé et faites cuire avec du feu dessus et dessous.

SOLE (Filet de) AU GRATIN. *Entrée.* On lève les filets de la sole, on les roule, on garnit l'intérieur avec de la farce (*V.* FARCE) de volaille ou de poisson ; on beurre un plat, on fait une couche de la même, on pose dessus les filets roulés, on les recouvre de farce, de petits morceaux de beurre et d'un peu de chapelure très-fine, on pose le plat sur un feu doux, on le couvre avec un four de campagne, et l'on sert lorsque les filets sont cuits et de belle couleur.

SOLE A LA NORMANDE. *Entrée.* Lavez la sole, enlevez-lui la peau du dos et posez-la sur un plat bien beurré, mettez dessus du persil cassé en petites branches, un peu d'oignon haché, des huîtres et des moules que vous aurez fait blanchir dans leur eau, des truffes et des champignons coupés par tranches, mouillez le tout avec moitié consommé et moitié vin blanc. Le tout étant au trois quarts cuit, on ôte une partie du fond de cuisson, et on le remplace par une sauce allemande (*V.* SAUCE). On ajoute des croûtons, quelques goujons frits, quelques écrevisses cuites, et l'on fait achever de cuire, avec feu dessus et dessous.

SOUFFLÉ AU CHOCOLAT *Entremets.* Faites dissoudre 250 grammes de chocolat dans un litre de lait, faites bouillir dans une chocolatière (*V.* CHOCOLAT). Le cho-

colat étant cuit on y ajoute un peu de fécule de pommes
de terre, et on fait encore jeter un bouillon. Mettez ce
chocolat dans une terrine, mêlez-y six jaunes d'œufs
battus, et six blancs d'œufs battus en neige, versez cette
préparation dans un moule beurré, posez le moule sur
un feu doux, couvrez-le avec un four de campagne, et
servez dès que le soufflé sera bien gonflé et de belle couleur. Le soufflé, de même que l'omelette soufflée, se sert
dans le vase où il a cuit.

Soufflé de pommes de terre. *Entremets.* Délayez
deux hectos de fécule de pommes de terre avec un
litre de lait, et faites bouillir ce mélange en le tournant
sans cesse et en y ajoutant deux hectos de sucre, versez
ensuite cette préparation dans une terrine, et opérez du
reste comme pour le soufflé au chocolat (*V.* l'article
précédent).

Soufflé de riz. *Entremets.* Faites crever du riz dans
du lait, de manière qu'il soit très-épais, et opérez du
reste comme pour le soufflé aux pommes de terre (*V.* les
deux articles précédents).

Stock-fish. (*V.* Morue.) Le stock-fish est un poisson
séché qu'il faut faire tremper dans de l'eau pendant
plusieurs heures avant de le faire cuire. Il se prépare
comme la morue.

Sucre (Cuisson du). *Office.* De la cuisson du sucre
dépendent le plus ou moins de perfection des sirops et
d'un grand nombre de préparations. Il est donc important de connaître les différents degrés de cuisson que le
sucre peut subir. Le sucre étant concassé, on le met dans
une bassine avec de l'eau, dans la proportion d'un
litre d'eau pour deux kilos de sucre; on met la bassine
sur le feu et l'on remue fréquemment son contenu avec
une écumoire, on l'écume, et à mesure qu'on enlève l'é-
cume, on jette dans la bassine un peu de blanc d'œuf
battu dans de l'eau jusqu'à ce qu'il ne se produise plus
d'écume. Lorsque le sucre est en pleine ébullition, on
trempe le pouce et l'index dans de l'eau fraîche, puis
immédiatement dans le sucre bouillant. Si alors, en
écartant ces deux doigts, le sucre forme entre eux un
filet qui se rompt presque aussitôt, le sucre est cuit au
petit lissé; le sucre ayant fait quelques bouillons de
plus, le filet s'étend un peu plus sans se rompre, il est

alors au *grand lissé*; encore quelques bouillons et le filet qui se forme entre les deux doigts, est à la fois plus gros et plus consistant, ce degré est le *petit perlé*. Peu d'instants après, si l'on renouvelle l'expérience, on pourra ouvrir entièrement la main sans que le filet de sucre se rompe, le sucre est alors cuit au *grand perlé*. Quelques bouillons de plus, et en roulant le sucre entre le pouce et l'index, il formera une petite boulette; il est donc cuit au *petit boulé* ou *boulet;* laissez-le bouillir un peu plus, et la boulette sera plus grosse et plus consistante, le sucre sera cuit au *grand boulet* ou *boulé*. Laissez encore bouillir le sucre, trempez de nouveau le pouce et l'index dans de l'eau fraîche et dans le sucre bouillant; ce qui s'attachera à vos doigts deviendra presque immédiatement cassant sous la dent; le sucre est donc cuit *au petit cassé*. Encore quelques bouillons, et le sucre qui se sera attaché à vos doigts cassera sous la dent sans s'y attacher; c'est le plus haut degré de cuisson, et ce degré s'appelle le *grand cassé*. Si on laissait le sucre sur le feu, passé ce degré, ce ne serait plus que du caramel.

SUCRE D'ORGE. *Office.* Faites crever de l'orge dans de l'eau, mettez cette eau dans une bassine avec du sucre, dans la proportion de deux kilos de sucre pour un litre d'eau; faites cuire ce sucre au *grand cassé* (*V.* SUCRE); étendez-le sur une table de marbre enduite d'huile et roulez-le en bâtons. On peut ajouter à ce sucre, avant de l'ôter du feu, de la vanille ou de l'eau de fleur d'oranger.

SUCRE DE POMMES. *Office.* Faites du sirop de pommes (*V.* SIROP); mettez ce sirop dans une bassine; faites-le cuire au *grand cassé* (*V.* SUCRE), et opérez comme il est dit à l'article précédent.

TANCHE. La tanche est un poisson d'eau douce qui se traite comme la carpe (*V.* CARPE).

TAPIOCA. Le tapioca est une substance qui se met en potage comme la semoule (*V.* POTAGE).

TARTARE. (*V.* SAUCE A LA).

TOURTES DE FRUITS. *Entremets.* Etendez de la pâte brisée de l'épaisseur d'une pièce de cinq francs; dressez-la sur une tourtière beurrée; relevez-en les bords, et mettez-la au four; la tarte étant presque cuite, on la tire à l'ouverture du four; on la garnit avec des fruits cuits en compote (*V.* Abricots, Fraises, Poires, Pommes, Prunes, etc.); on la remet au four, et on la retire quand elle est entièrement cuite.

TERRINES. On appelle *terrines* des pâtés sans croûte; on en fait de viande de boucherie, de volaille et de gibier. Le vase dans lequel se fait la préparation s'appelle aussi *terrine;* c'est un vase droit, en terre vernissée, pourvu d'un couvercle qui s'y adapte bien. On couvre de bandes de lard le fond et les parois de la terrine; on arrange les viandes comme dans les pâtés ordinaires froids (*V.* Pâtés). On met le couvercle sur la terrine, on lutte ce couvercle avec des bandes de papier enduites de pâte et on le met au four.

THON. *Hors-d'œuvre.* Le thon ne se mange que mariné, on le trouve ainsi chez les marchands de comestibles et on le sert pour hors-d'œuvre comme les anchois.

TOPINAMBOURS. *Entremets.* Tubercule qui se prépare comme les pommes de terre. (*V.* ce mot).

TOURTES. *Entrée.* (*V.* VOL-AU-VENT.) Il n'y a de différence que dans la forme; le vol-au-vent étant de forme plus élevée que la tourte.

TOURTE DE FRUITS. *Entremets.* (*V.* TARTE.)

TRUFFES. Les truffes entrent dans une infinité de ragoûts et de sauces; on en garnit aussi les volailles, qui sont dites alors *truffées.* L'emploi en est indiqué à chacun des articles dans la confection desquels elles entrent; on les mange aussi seules de deux manières : au naturel et au vin.

Au *naturel.* On lave bien les truffes; on les met dans quadruple ou quintuple enveloppe de papier, on les mouille ainsi enveloppées, et on les fait cuire sous la cendre chaude, on les ôte ensuite de dedans le papier, et on les sert sous une serviette comme les œufs frais et les marrons rôtis.

Au *vin.* On les lave bien; on les met dans une casserole, avec du lard haché, une gousse d'ail, un bouquet garni, on verse dessus moitié vin blanc, moitié consommé, et on les fait cuire sur un feu ardent. Elles se servent comme les truffes au naturel.

TRUITES. Les grosses truites et les truites dites saumonées se traitent comme le saumon (*V.* SAUMON); les petites se font frire, ou bien on les fait griller et on les dresse sur une sauce aux câpres (*V.* SAUCE).

TURBOT AU BLEU. *Relevé.* Faites cuire le turbot dans le court-bouillon, étendez une serviette en double ou en triple sur un plat, dressez le turbot dessus, le ventre en dessus, garnissez-le de persil en branche, et servez-le avec une sauce froide à part (*V.* SAUCE FROIDE). Le turbot ainsi cuit peut se mettre à la sauce aux câpres, à la maître-d'hôtel, au beurre noir (*V.* SAUCE). Il peut aussi se servir en salade comme le saumon (*V.* SAUMON).

VANNEAU. Le vanneau se prépare comme le canard sauvage (*V.* CANARD).

VEAU. Le veau offre de grandes ressources aux cuisiniers; il n'est pas une des parties de cet animal dont on ne puisse faire un mets excellent. Toutefois, il ne faut pas oublier que le veau est une viande blanche, contenant fort peu d'osmazôme, et qu'elle est par conséquent peu succulente et réparatrice. Il est donc convenable qu'elle soit toujours relevée par des ingrédients de haut goût, à moins que cela ne soit interdit par des raisons sanitaires ou hygiéniques.

Le veau pour réunir toutes les qualités désirables, doit être âgé de six mois; il faut qu'il soit gras et blanc. A Paris, la réunion de ces qualités était très-rare autrefois, et naguère encore, parce que les veaux étant amenés de très-loin dans de lourdes charrettes, les pieds liés fortement, la tête pendante, exposés à toutes les intempéries, privés de nourriture pendant le trajet, ils arrivaient à demi morts, brûlés par la fièvre et ne pouvant plus se soutenir. Beaucoup même mouraient en chemin; alors on les saignait tant bien que mal, et ils trouvaient toujours acheteurs. Grâce aux chemins de fer, les veaux arrivent aujourd'hui dans la capitale en parfait état de santé, et en se fournissant chez un boucher recommandable ou au marché à la criée de la rue des Prouvaires, on est toujours sûr d'avoir d'excellente viande.

VEAU (Blanquette de). *Entrée.* On ne met ordinairement en blanquette que des débris de veau rôti. On coupe la chair en petites tranches très-minces; on les met dans une sauce blanquette (*V.* SAUCE); on fait chauffer le tout sans le faire bouillir et l'on sert.

VEAU (Casi ou Quasi de) A LA PÉLERINE. *Entrée.* On appelle *casi* ou *quasi* le morceau de veau qui tient à la cuisse et à la queue. Piquez ce morceau avec du gros lard; faites-le revenir dans de l'huile. Quand il est bien jaune, on mouille avec de l'eau; on ajoute un peu de sel, un bouquet garni et on laisse cuire. D'autre part, on fait revenir de gros oignons dans du beurre; on les mouille avec du vin rouge et une partie du fond de cuisson du casi; on y joint quelques champignons et on laisse cuire. Le tout étant ainsi préparé, on dresse le casi dans sa cuisson; on arrange les oignons et les champignons autour; on met un peu de fécule de pommes de terre dans la cuisson des oignons; on la fait réduire, et on la verse sur le casi.

VEAU (Cervelle de). La cervelle de veau se prépare comme les cervelles de bœuf et de mouton (*V.* BOEUF, MOUTON).

VEAU (Côtelettes de) A LA BORDELAISE. *Entrée.* Battez un peu de farce de volaille (*V.* FARCE) dans quelques œufs (jaunes et blancs). Étendez une partie de cette farce sur une tourtière beurrée; posez les côtelettes dessus; recouvrez-les avec le reste de la farce et quelques petits morceaux de beurre. Mettez la tourtière sur le feu, couvrez-la avec le four de campagne et entretenez le feu dessous et dessus, il faut au moins une heure de cuisson.

VEAU (Côtelettes de) AUX FINES HERBES. *Entrée.* Faites sauter des côtelettes de veau dans du beurre; ajoutez-y des champignons hachés, des fines herbes, du sel et du poivre; retournez fréquemment les côtelettes; ajoutez un jus de citron quand elles sont cuites, et dressez-les.

VEAU (Côtelettes de) AU NATUREL. *Entrée.* Elles se préparent comme les côtelettes de mouton; il en est de même pour les côtelettes de veau panées (*V.* MOUTON).

VEAU (Côtelettes de) EN PAPILLOTES. *Entrée.* Garnissez les côtelettes, sur leurs deux faces, d'une bonne farce de volaille (*V.* FARCE). Enveloppez chaque côtelette dans une feuille de papier huilé ou beurré ; faites-les griller sur un feu doux. — Quelques cuisiniers font revenir les côtelettes de veau dans du beurre avant de les mettre en papillotes ; elles cuisent ensuite plus facilement, mais elles sont moins savoureuses.

VEAU (Épaule de) A LA BOURGEOISE. *Entrée.* Après avoir désossé une épaule de veau, vous saupoudrerez l'intérieur de sel, poivre et muscade râpée ; puis vous la roulerez, vous la ficellerez et vous la ferez revenir dans du beurre ; mouillez ensuite avec un peu de bouillon ; faites cuire avec feu dessus et dessous. L'épaule étant cuite, on en ôte la ficelle ; on la dresse ; on fait réduire le fond de cuisson et on le verse dessus.

VEAU (Épaule de) GLACÉE. *Entrée.* Désossez une épaule de veau ; lardez-la avec de gros lardons ; ficelez-la, et faites-la cuire à la braise. Faites ensuite réduire en glace un peu du fond de cuisson ; dressez l'épaule, et versez cette glace dessus.

VEAU (Escaloppes de). *Entrée.* Coupez de la rouelle de veau par petites tranches bien minces ; faites revenir ces tranches dans de l'huile sur un feu bien ardent ; ôtez-les ; ajoutez à l'huile un peu de consommé, un peu de chapelure, du persil haché, du sel et du poivre. Remettez les escaloppes dans cette préparation ; faites-les cuire doucement, et ajoutez du jus de citron au moment de servir.

VEAU (Filets de) A LA PROVENÇALE. *Entrée.* Ce· mets se prépare avec des restes de veau rôti. On coupe les chairs en filets ; on met dans une casserole de l'huile, du beurre pétri avec de la farine, du poivre, du sel, du persil, de la ciboule, des échalotes et un peu d'ail hachés ; on fait lier la sauce ; on y ajoute un peu de jus de citron ; on met les filets de veau dedans, et on les laisse chauffer sans les faire bouillir.

VEAU (Foie de) EN BIFTECKS. *Entrée.* Coupez du foie de veau par tranches ; saupoudrez-les de poivre et de sel ; faites-les griller et dressez-les sur une sauce à l'italienne (*V.* SAUCE).

VEAU (Foie de) A LA BOURGEOISE. *Entrée.* Faites un roux brun (*V.* ROUX) ; mettez dans ce roux un foie de veau piqué de lard moyen ; mouillez avec moitié bouillon et moitié vin rouge; ajoutez carottes, oignons, bouquet garni, sel et poivre. Faites cuire pendant trois heures; dégraissez et servez.

VEAU (Foie de) A LA BROCHE. *Rôt.* Le foie de veau étant piqué comme il est dit à l'article précédent, on le fait mariner pendant deux heures dans de l'huile avec du thym, du laurier, du persil, de la ciboule; on enveloppe ensuite le foie dans du papier huilé ou beurré, on le fait cuire à la broche, et on le sert sur son jus.

VEAU (Foie de) HACHÉ. *Entrée.* Hachez un foie de veau avec le quart de son poids de rouelle de veau, autant de filet de bœuf, de porc frais et de lard que de rouelle; mêlez à ce hachis un peu d'oignon, d'ail et de persil hachés, poivre, sel, muscade. Enveloppez le tout dans de la crépine de porc, et mettez-le sur une tourtière beurrée; posez la tourtière sur le feu; couvrez-la avec un four de campagne. Ce hachis étant cuit, on fait un roux, on le mouille avec du consommé; on y ajoute le jus que le hachis a rendu; on verse cette sauce sur un plat, et on dresse le hachis dessus.

VEAU (Foie de) EN PAPILLOTTES. *Entrée.* Coupez le foie de veau par tranches, et traitez-le comme les côtelettes de veau en papillottes (*V. plus haut*).

VEAU (Foie de) A LA POÊLE. *Entrée.* Coupez du foie de veau par tranches; faites-le sauter à la poêle avec du beurre; ajoutez des fines herbes hachées; saupoudrez le tout de farine; mouillez avec moitié bouillon, moitié vin; ajoutez du sel et du poivre; laissez le tout jeter un bouillon, et dressez.

VEAU (Fraise de) FRITE. *Rôt.* Délayez un peu de farine dans de l'eau; ajoutez-y sel, poivre, vinaigre. Coupez de la fraise de veau par tranches; faites-la cuire dans cette préparation; laissez-la refroidir; puis vous la tremperez dans de la pâte à frire (*V. PATE*), et vous la mettrez à la friture bien chaude. Servez-la avec du persil frit et saupoudrée de sel fin.

VEAU (Fraise de) EN VINAIGRETTE. *Entrée.* La fraise de veau étant cuite comme il est dit à l'article précédent, on la dresse sur un plat; on l'entoure avec du persil et on la sert avec une sauce froide (*V. SAUCE*) ou simplement entourée de fines herbes pour être mangée à l'huile.

VEAU (Langue de). La langue de veau se traite comme celle de bœuf (*V.* BOEUF).

VEAU (Mou de) AU BLANC. *Entrée.* Faites dégorger le mou de veau dans de l'eau fraîche et coupez-le par morceaux de petite taille ; faites-le revenir dans du beurre ; saupoudrez-le de farine et mouillez-le avec du bouillon ou de l'eau avant qu'il ait pris couleur ; ajoutez des oignons, des champignons, un bouquet garni, sel et poivre ; au moment de servir, liez la sauce avec des jaunes d'œufs ; ajoutez un jus de citron, et dressez.

VEAU (Mou de) EN MATELOTE. *Entrée.* Faites dégorger le mou dans de l'eau fraîche, puis vous le ferez revenir dans du beurre en même temps que du lard de poitrine coupé par petits morceaux, et des oignons. Le tout étant de belle couleur, retirez-le de la casserole ; faites un roux ; mouillez avec moitié bouillon, moitié vin ; ajoutez sel, poivre, bouquet garni ; remettez dans cette préparation le mou, le lard et les oignons. Le tout étant cuit, dégraissez la sauce et dressez.

VEAU (Oreilles de). *Entrée.* Les oreilles de veau se font ordinairement cuire avec la tête entière (*V.* plus bas) ; mais lorsqu'elles sont cuites ainsi, on peut les détacher de la tête et les dresser sur une sauce piquante, une sauce à la ravigote ou une purée de légumes (*V.* SAUCE et PURÉE). On peut aussi couper les oreilles de veau, cuites comme la tête, en petits morceaux, les tremper dans de la pate à frire, les mettre à la friture bien chaude et les servir avec du persil frit. Enfin on peut, laissant l'oreille entière, la farcir avec de la farce de volaille, la dorer avec des jaunes d'œufs battus, la paner et la faire frire.

VEAU (Pieds de). Les pieds de veau se font cuire comme les pieds de mouton ; on les désosse de la même manière, et on les accommode à la poulette, toujours, comme les pieds de mouton. On les mange aussi, étant ainsi cuits, à la vinaigrette, et alors on les sert froids ou chauds avec un peu de fines herbes ; enfin on peut les couper par morceaux, les tremper dans de la pâte (*V.* PATE A FRIRE), les faire frire et les servir avec du persil frit.

VEAU (Poitrine de) FARCIE. *Entrée.* Détachez la membrane qui couvre la poitrine de veau ; étendez sur cette poitrine du godiveau (*V.* ce mot). Recouvrez la farce avec la membrane, et cousez cette membrane afin que la farce soit bien maintenue. Faites cuire la poitrine ainsi préparée à la braise (*V.* BRAISE). Lorsqu'elle est cuite, dressez-la; ôtez le fil qui l'entoure; faites réduire un peu du fond de cuisson et versez-le sur la poitrine.

VEAU (**Queues de**). Elles se préparent comme les queues de mouton (*V.* MOUTON).

VEAU (**Ris de**). *Entrée.* Piquez des ris de veau et accommodez-les de tout point comme le fricandeau (*V.* FRICANDEAU).

VEAU (**Ris de**) **EN CAISSE**. *Entrée.* Faites cuire des ris de veau à la braise (*V.* BRAISE). Faites, d'autre part, revenir dans du beurre des champignons, de la ciboule, du persil hachés, avec sel, poivre, un peu de lard râpé. Versez cette préparation sur les ris de veau bien égouttés, et laissez refroidir le tout. Faites des caisses de papier; beurrez-les; mettez les ris de veau dans ces caisses avec une partie de l'assaisonnement dessous et l'autre partie dessus; saupoudrez le tout d'un peu de chapelure; mettez ces caisses sur un plat; couvrez le plat avec un four de campagne et servez dès que le dessus des caisses sera de belle couleur.

VEAU (**Rognon de**). Il se prépare comme le rognon de bœuf (*V.* BOEUF).

VEAU ROTI. *Rôt.* Les morceaux de veau que l'on fait ordinairement rôtir sont le carré, accompagné du rognon, et le casi ou quasi. Le veau devant être mangé très-cuit, il faut le faire rôtir à un feu modéré. On peut, pour le mettre à la broche, l'envelopper de papier beurré; mais lorsqu'il est presque cuit, il faut ôter le papier pour que le veau prenne couleur. On peut aussi avant de le mettre à la broche, le piquer de lard moyen, le faire mariner dans de l'huile pendant quelques heures, et quand il est cuit, le dresser sur son jus auquel on ajoute un peu de beurre pétri avec de la farine, du sel et du poivre.

VEAU (**Tendons ou Tendrons de**). Les tendons de veau étant cuits à la braise (*V.* BRAISE), on peut les mettre en blanquette (*V.* VEAU, Blanquette de); on peut aussi accommoder les tendons de veau aux petits pois;

dans ce cas, on opère comme pour les pigeons aux petits pois (*V.* Pigeons).

Veau (Tête de) **au naturel.** *Relevé.* La tête de veau étant bien échaudée, on la fait cuire dans de l'*eau blanche*, c'est-à-dire dans de l'eau mélangée d'un peu de farine, avec sel, vinaigre, persil, oignons coupés par tranches. Lorsqu'elle est cuite, on enlève les os de la mâchoire et du mufle; on écarte les os du crâne pour laisser la cervelle à découvert, et on la sert entourée de persil, avec une sauce froide à part (*V.* Sauce froide).

Veau (Tête de) **frite.** *Rôt.* La tête de veau étant cuite comme il est dit à l'article précédent, on la coupe par morceaux. On la trempe dans une pâte à frire (*V.* Pâte); on la fait frire et on la saupoudre de sel fin.

Veau (Tête de) **en tortue.** *Entrée.* La tête de veau étant cuite comme pour être servie au naturel (*V.* plus haut); on verse dessus un ragoût à la financière (*V.* Financière).

Velouté. (*V.* Coulis blanc.)

Vermicelle. (*V.* Potage.)

Vin chaud. (*V.* Punch.)

Vive. La vive est un poisson de mer qui ressemble un peu au hareng et qui se traite de la même manière (*V.* Hareng).

Volaille (Magnonnaise de). *Entrée.* Dépecez une volaille rôtie et refroidie; dressez-la sur un plat creux en entremêlant les morceaux de cœurs de laitues, œufs durs coupés par tranches, filets d'anchois, cornichons anchois, fines herbes, et versez sur le tout une sauce mayonnaise (*V.* Sauce).

Volaille (Salade de). *Entrée.* Dressez la volaille rôtie et refroidie, comme il est dit à l'article précédent et avec tous les ingrédients qui y sont mentionnés, excepté la magnonnaise. Cette salade s'assaisonne sur table

Vol-au-vent. *Entrée.* Abaissez, c'est-à-dire étendez une pâte feuilletée (*V.* Pâte) de manière à lui donner 20 centimètres d'épaisseur; coupez-en un morceau en rond du diamètre que doit avoir le vol-au-vent; dressez les

parois et formez le couvercle avec le reste de la pâte. Il
est bien entendu que ce doit être là un gâteau creux
destiné à recevoir une garniture quelconque. Ce gâteau
étant bien dressé, on le met au four; on l'en retire
quand il est de belle couleur; on en détache le couvercle, et on enlève la pâte peu cuite qui peut se trouver
à l'intérieur. On verse alors dans cet intérieur un ragoût quelconque, soit par exemple une financière, une
blanquette de volaille, du poisson à la béchamel, des
escaloppes de veau ou de volaille, etc.; on recouvre le
vol-au-vent; on pose le couvercle dessus et l'on sert.

ZESTE. Pellicule mince de l'écorce du citron. On
peut en enlever l'huile essentielle en frottant dessus du
sucre cassé en morceaux. C'est la partie jaune et odo-
rante du fruit.

FIN.

PARIS. — IMPRIMERIE DE W. REMQUET ET C⁰,

Successeurs de Paul Renouard,

RUE GARANCIÈRE, N. 5, DERRIÈRE SAINT-SULPICE.

www.ingramcontent.com/pod-product-compliance
Lightning Source LLC
Chambersburg PA
CBHW070526200326
41519CB00013B/2947